Robin Williams

DAS KLEINE, FEINE
PRÄSENTATIONSBUCH

für Dich

 ADDISON-WESLEY

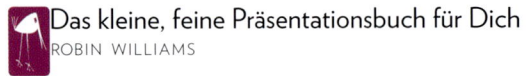

Das kleine, feine Präsentationsbuch für Dich
ROBIN WILLIAMS

Bibliografische Information der Deutschen Nationalbibliothek

Die Deutsche Nationalbibliothek verzeichnet diese Publikation in der Deutschen Nationalbibliographie; detaillierte bibliografische Daten sind im Internet über http://dnb.d-nb.de abrufbar.

Umwelthinweis:
Dieses Buch wurde auf chlorfrei gebleichtem Papier gedruckt.

Authorized translation from the English language edition, entitled The Non Designer's Presentation Book, ISBN 978-0-321-65621-6
by Williams, Robin; published by Pearson Education, Inc, publishing as Peachpit Press, Copyright © 2010

Autorisierte Übersetzung der englischsprachigen Originalausgabe mit dem Titel „The Non Designer's Presentation Book" von Sandee Cohen, ISBN 978-0-321-65621-6, erschienen bei Peachpit Press, ein Imprint von Pearson Education Inc.; Copyright © 2010

10 9 8 7 6 5 4 3 2 1

12 11 10

ISBN 978-3-8273-2928-8

© der deutschen Ausgabe 2010 Addison-Wesley Verlag,
ein Imprint der PEARSON EDUCATION DEUTSCHAND GmbH,
Martin-Kollar-Str. 10-12, 81829 München/Germany
Alle Rechte vorbehalten
Übersetzung: Isolde Kommer, Großerlach und Christoph Kommer, Dresden
Lektorat: Birgit Ellissen, bellissen@pearson.de
Korrektorat: Petra Kienle, Fürstenfeldbruck
Herstellung: Claudia Bäurle, cbaeurle@pearson.de
Satz: Isolde Kommer und Tilly Mersin, Großerlach
Einbandgestaltung: Marco Lindenbeck, webwo GmbH, mlindenbeck@webwo.de
Druck und Verarbeitung: Kösel, Altusried (www.Koeselbuch.de)
Printed in Germany

Inhalt

VOR DER GESTALTUNG

OPTIMIEREN SIE DEN INHALT

4   Relevanz   61

5   Animation   75

6   Handlung   87

GESTALTEN SIE DIE FOLIEN

ÜBER DIE GRUNDLAGEN HINAUS

Vorwort von John Tollett

Robin hat in den letzten zwanzig Jahren Millionen erfolgreicher Präsentationen gehalten (okay, in Wirklichkeit sind es Hunderte; aber Millionen klingt besser). Sie sagt, dass sie aus jeder etwas gelernt hat und immer besser wurde. Dasselbe trifft erfreulicherweise auch auf die Software zu. Heute sind die Regale voll mit Präsentationsbüchern und Robin hat fast alle gelesen. Aus meiner Sicht sind die meisten dieser Bücher, na ja, schwerfällig, hochtrabend und verwirrend.

Robins Ziel bestand unter anderem darin, das Buch zu schreiben, das sie gerne vor zwanzig Jahren gehabt hätte. Damals begann sie, Präsentationen in Schulen, auf Konferenzen und Veranstaltungen zu halten. Ein Buch, das auf den Punkt kommt und das Ihnen sagt, was Sie gerade jetzt für die diese Woche anstehende Präsentation brauchen. In diesem Buch finden Sie tolle Design-Tipps und tolle Software-Tipps, denn Robins Leidenschaft gehört der Gestaltung exzellenter Designs und exzellenter Typografie. Dies zeigt sich in den mehr als 60 Büchern, die sie geschrieben, gestaltet und produziert hat (die meisten davon sind preisgekrönte Bestseller).

Es gibt drei Dinge, die Sie wissen und akzeptieren müssen, bevor Sie versuchen, eine gute digitale Präsentation zu gestalten:

Sie benötigen Zeit. Sie müssen Ihre Inhalte sammeln und planen, effektive Folien in der von Ihnen bevorzugten Software gestalten und die Präsentation proben. Daran führt kein Weg vorbei. Natürlich können Sie funktionale und vielleicht passable digitale Präsentationen in kurzer Zeit erzeugen, aber für gute oder hervorragende Präsentationen müssen Sie sich Zeit nehmen.

Sie müssen Ihre Software erlernen. Eine gute Präsentation ist ohne entsprechende Kenntnisse Ihrer Software nicht möglich. Lesen Sie das Handbuch. Lesen Sie die Hilfedateien. Machen Sie einen Kurs. PowerPoint übernimmt gerne die Kontrolle über die Formatierung; wenn Sie also die Formatierung selbst bestimmen möchten, müssen Sie lernen, wie Sie die automatischen Funktionen abschalten.

Heute wird mehr erwartet. Aufgrund von Fernsehen, DVDs, Internet-Übertragungen und professionellen Präsentationen auf Messen setzt Ihr Publikum den Maßstab für Folienpräsentationen höher an. Durch das Aufkommen der Kommunikationstechnologie müssen Sie sich mit den weltbesten Präsentatoren messen. Sie können immer mit schlecht gestalteten und schlampigen Präsentationen durchkommen; aber mittlerweile weiß jeder, wie schlecht diese wirklich sind.

Sie halten dieses Buch in den Händen, weil Sie offensichtlich visuell ansprechende und professionelle Folien gestalten möchten. Sie haben Glück, dass Sie dieses Buch gewählt haben! Ich bin überzeugt, dass Sie es wirklich lesen werden. Und es wird mit Sicherheit etwas bewirken.

Robin hat sich selbst übertroffen. Sie hat ein Buch geschrieben, das mit Sicherheit so beliebt wird wie ihr Bestseller *Design und Typografie für Dich*, der Nicht-Designer, professionelle Designer und auch andere Design-Autoren auf der ganzen Welt beeinflusst hat. *– jt*

TEIL I

Okay, SIE müssen eine PRÄSENTATION halten?

VOR DER GESTALTUNG

Die Glaubwürdigkeit eines Redners hängt nicht nur von der Qualität seiner Argumente ab, sondern auch, wie er vom Publikum wahrgenommen wird. Diese Tatsache lehrten bereits die alten Griechen und Römer und während der europäischen Renaissance wurde sie aufs Neue aktuell. Auch heute nähern wir uns dieser Denkweise wieder an. Präsentationen und Vorträge sind keine einseitigen Veranstaltungen mehr. Oftmals surfen Ihre Zuhörer während des Vortrags oder sie twittern, simsen und chatten mit anderen Nutzern rund um die Erde. Wenn Sie deshalb die Bühne mit einer schwachen Geschichte oder einer optisch dürftigen Präsentation betreten, wird die gesamte Welt augenblicklich davon in Kenntnis gesetzt. Vorbei sind die Tage, an denen Sie als Langweiler kommen konnten. Stellen Sie sich der Herausforderung.

Im wahren Leben sind Sie vielleicht total langweilig und die Leute rechts und links von Ihnen schlafen ein. Auf dem Podium sind Sie aber ein Star. Sie sind ein Entertainer, ein Wissensvermittler. Machen Sie ein fröhliches Gesicht und ziehen Sie Ihr Ding durch ... oder verlassen Sie die Bühne.

J.H. Lehr
»Let there be stoning!«
Ground Water, Volume 23, Nummer 2, Seite 164

Wo fangen wir an?

Auch wenn dieses Buch vornehmlich die *Gestaltung* Ihrer Computerpräsentation behandelt, sollte Ihnen immer klar sein, dass der Vortrag nicht nur aus der Computerdatei besteht. *Sie* sind sein wesentlicher Bestandteil. *Sie* halten die Präsentation und Ihre Computerdatei hilft Ihnen nur dabei.

Natürlich können Sie auch eine in sich geschlossene Präsentation erstellen und auf einer Website veröffentlichen. Die Grundprinzipien in diesem Buch behalten dabei ihre Gültigkeit. Allerdings müssen alle ansonsten mündlich vorgetragenen Inhalte dann in den Folien oder, besser noch, in den beigefügten Rednernotizen untergebracht werden.

Der Schwerpunkt des Buchs liegt jedoch auf der Gestaltung digitaler Präsentationen, die Ihr dynamisches Selbst ergänzen – Präsentationen, die Ihre *Rede* unterstreichen, die zur Überzeugung oder Information des Publikums beitragen. Alle in Ihrem Projekt enthaltenen Grafiken, Animationen, Videos und Audioclips werden von IHNEN vorgebracht und zusammengehalten. *Sie* sind der Star.

Was ist eine Präsentation?

Anders als bei einem reinen Vortrag oder einer Rede demonstrieren oder veranschaulichen Sie bei einer Präsentation immer auch ein Produkt oder eine Idee. Sie zeigen und erklären dem Publikum etwas; Sie unterrichten es. Zu einer Präsentation gehören visuelle Hilfsmittel.

Manch einer bringt hier etwas durcheinander und behauptet zum Beispiel: „Lincoln hat für die Gettysburg Address auch kein PowerPoint benötigt!" Die Gettysburg Address war keine Präsentation, sondern eine zweiminütige **Rede**. Eine Rede ist für gewöhnlich eine förmliche Ansprache oder ein Vortrag. Niemand erwartet dabei, dass Sie Ihren Laptop aus der Tasche ziehen. Eine Rede kann fünf Minuten oder mehrere Stunden dauern; sie bleibt dennoch eine Rede und keine Präsentation.

Eine **Vorlesung** dient der Weiterbildung. Meist ist sie jedoch langatmig und bierernst, häufig wissenschaftlich – und auf keinen Fall darf man in einer wissenschaftlichen Vorlesung Spaß haben! Vorlesungen werden gelegentlich von visuellen Hilfsmitteln wie digitalen Präsentationen unterstützt. Dann werden jedoch auch die Vorlesungen zu Präsentationen.

Halten wir also fest, dass Sie bei einer **Präsentation** (im Gegensatz zu einer Rede oder Vorlesung) visuelle Hilfsmittel einsetzen. Und der Zweck dieser Hilfsmittel besteht darin, Ihren Vortrag im Sinne Ihres Publikums zu verbessern.

Muss sie digital sein?

Wenn Sie um eine Präsentation gebeten werden, denken viele Menschen gleich an Apple Keynote oder Microsoft PowerPoint. Allerdings lassen sich nicht alle Informationen digital bestmöglich darstellen. Denken Sie ernsthaft über Alternativen nach. Dann können Sie sicher sein, die optimale Methode für die von Ihnen zu vermittelnden Informationen gewählt zu haben.

Diese Methode hängt natürlich auch von der Größe des Publikums bzw. der Anzahl der Seminarteilnehmer ab sowie von der Raumgröße (Tagungsraum oder Ballsaal, Konferenzraum oder Klassenzimmer?), der Zeitvorgabe, von der Anzahl der Präsentationen, die Sie vor demselben Publikum geben, ob Sie eine Diskussion anstoßen möchten, dem Alter der Teilnehmer, der Informationen, die Sie vermitteln und so weiter. Sie müssen jede Präsentation genau auf Ihr spezielles Publikum, auf Ihre Zielgruppe maßschneidern.

Bei sehr kleinen Gruppen kann ein **Flipchart**, eine **Tafel** oder ein **Whiteboard** im Zusammenspiel mit tollen Handzetteln das Richtige sein. Durch den geschickten Einsatz dieser Hilfsmittel könnten Sie Ihr Publikum beeindrucken – schließlich muss es ausnahmsweise einmal keine Folienpräsentation ertragen.

Natürlich können Sie über mit der passenden Software und Verbindungstechnik ausgestattete **Whiteboards** und **Blackboards** auch Informationen mit den elektronischen Geräten der Teilnehmer austauschen und damit ein ineraktives Arbeitsumfeld schaffen.

Bei allen (auch bei großen) Gruppen können Sie klare und sinnvolle **Handzettel** statt Folien einsetzen. Die Teilnehmer können sich darauf Notizen machen und auch etwas mit nach Hause nehmen. In einem großen Publikum befinden sich möglicherweise auch Menschen, die nicht so gut sehen. Vielleicht ist das Projektionssystem auch nicht das Beste und die Leute in den hinteren Reihen können die Folien daher ohnehin nicht lesen. Besprechen Sie Schaubilder und für Daten, die sich auf einer Overhead-Folie einfach nicht so gut darstellen lassen, können Handzettel eine hervorragende Lösung sein (und natürlich eine Ergänzung zu einer visuellen Präsentation).

Wenn Ihre Präsentation von einem Buch oder einem anderen greifbaren Objekt handelt, dann sollte vielleicht jeder **das Buch in den Händen halten** und Sie können sich auf bestimmte Seiten und Abschnitte daraus beziehen.

Bei vielen Präsentationen bietet sich aber auch ein **interaktiver Ablauf** an. Oder vielleicht ist Ihre PowerPoint-Präsentation nur ein Bestandteil des interaktiven Programms; könnten Sie in diesem Fall vielleicht auch ganz auf den PowerPoint-Teil verzichten? Möglicherweise würde dafür schon ein zusätzlicher Handzettel genügen?

Vielleicht tendieren Sie eigentlich zu einer **schauspielerischen Darstellung**. Sie glauben aber, dass die Leute eine PowerPoint-Präsentation erwarten. Bieten Sie ihnen eine neue Erfahrung.

Können Sie das Publikum in die Verwendung Ihrer visuellen Hilfsmittel mit einbinden? Zwingen Sie niemals einen zögernden Besucher, an Ihrer Präsentation mitzuwirken. Manchmal können die Teilnehmer jedoch an Stäben befestigte Schilder oder Gesichter hochhalten, sich um die Erde drehende Planeten darstellen, sich in der richtigen Reihenfolge der großen Seinskette aufstellen oder sich gegenseitig anschreien. Je älter die Gruppe, desto weniger Teilnehmer werden in der Regel Spaß an einer aktiven Mitwirkung haben. Es gibt aber immer auch Möglichkeiten, selbst Senioren auf behutsame Weise mit in die Präsentation einzubinden und auf diese Weise ohne digitale Technik auszukommen.

Denken Sie immer daran, dass auch bei einer hervorragend vorbereiteten PowerPoint- oder Keynote-Präsentation die Technik ausfallen kann und Sie auf etwas anderes zurückgreifen müssen. Sie sollten sich daher für alle Fälle eine andere Methode zur Darstellung der Informationen zurechtlegen.

Meine persönlichen Erfahrungen

Auf der zweiten Kreuzfahrt von InsightCruises.com unter dem Motto »Shakespeare auf See« sollte ich innerhalb von zehn Tagen acht Sitzungen mit denselben fünfzig Leuten abhalten. Wie konnte ich es anstellen, sie nicht zu langweilen? Wie Sie sich denken können, wäre eine digitale Folienpräsentation in jeder Sitzung tödlich gewesen.

1. Die erste Präsentation hatte den Titel »Warum Shakespeare lesen?«. Auf der vorherigen Kreuzfahrt wurde mir klar, dass (huch!) fast alle Anwesenden der Meinung waren, die Stücke seien nur zum *Anschauen* da und man brauche sie niemals selbst zu *lesen*. Offenbar haben nur Schauspieler die nötigen Superhirne, um Shakespeare zu lesen! Auf dieser Kreuzfahrt gab ich also eine ziemlich geradlinige **digitale Präsentation** über die lange Tradition der Lektüre der Stücke besonders in Amerika und statt Folien legte ich die Gründe dar, warum man sie am besten laut und in Gruppen lesen sollte. Mein Vortrag war in einem **Handzettel** zusammengefasst, der auch Platz für Notizen bot.

2. Die »Humours« sind die vier Körperflüssigkeiten, die in unserem Körper als Essenzen aufsteigen und unser Gehirn beeinflussen. Dieser Vortrag beinhaltete eine **digitale Präsentation** über die Rolle der Körpersäfte in den Shakespeare-Stücken. Auf halber Strecke konnten die Teilnehmer auf Papier einen heiteren **Fragebogen** ausfüllen und damit ermitteln, welcher »Humour« bei ihnen vorherrscht. Als ich dann weiter auf die Körpersäfte verschiedener Shakespeare-Charaktere einging, wusste jeder Zuhörer, welchem Charakter er jeweils am ähnlichsten war. Ein ausführlicher **Handzettel** erklärte, wie die Teilnehmer nach der Heimkehr bei Bedarf an ihren Körpersäften arbeiten konnten.

3. Die meisten Zuhörer würden zum Jahresende das Stück *»Ende gut, alles gut«* ansehen. Dies ist eines der am seltensten aufgeführten Stücke Shakespeares und dementsprechend wenige Menschen kennen die Handlung, geschweige denn die Feinheiten. Ich habe keine digitale Präsentation oder Vorlesung über das Stück gehalten, sondern es gekürzt und einzelne Passagen der Klarheit halber umgeschrieben. Diese **Rollenhefte** habe ich für jeden ausgedruckt. Zudem brachte ich Requisiten und einfache Maskenutensilien (Bärte, Hüte, Boas und große Ringe usw.) mit. Freiwillige haben den Text dann vorne laut vorgelesen. Ich gab erklärende Kommentare ab, unterstrich beachtenswerte Motive und wies auf den momentanen Aufenthaltsort der Darsteller hin. Jemand spielte Kazoo, wenn das Textheft Trompeten und Fanfaren vorsah und so weiter. Als wir fertig waren, fühlten sich alle gut auf den Besuch des Stücks und seine Feinheiten vorbereitet. **Hier gab es überhaupt keine digitale Präsentation.**

4. In einer *moderierten Diskussion* zum Thema »Autorschaft Shakespeares« betrachteten wir einige Gründe, warum die Frage nach der Autorschaft berechtigt ist (es ging dabei nicht darum, dass Shakespeare ungebildet war und aus einem armen Elternhaus kam). Ich verteilte einen zweiseitigen Handzettel mit Fakten, Fragen und Platz für Anmerkungen. **Keine digitale Präsentation.**

5. Für eine Präsentation zum Thema »Tod, das unentdeckte Land« sammelte ich zahlreiche Referenzen auf den Tod aus den einzelnen Stücken und stellte ein kleines **Heft** für die Teilnehmer zusammen. Als Sitzordnung diente ein großer Doppelkreis. Ich erklärte die philosophischen Ansichten zum Tod zu Shakespeares Zeit, die Bedeutung eines guten Todes, »gut zu sterben«. Dann liefen wir im Raum umher und lasen die Zitate, die wir anschließend diskutierten. **Gar nichts Digitales.**

6. Für eine *Macbeth*-Präsentation war mir bereits klar, dass die Teilnehmer die Handlung und die wichtigsten Themen kennen würden. Ich bereitete also als Richtschnur eine **digitale Präsentation** vor (einige der Folien finden Sie auf den Seiten 78–80 wieder). Noch wichtiger war jedoch der **Handzettel** mit den Zeilen aus dem Stück, die zu den von mir behandelten Details passten – es war einfach so viel Text, dass ich ihn nicht für jeden lesbar auf der Leinwand darstellen konnte. Außerdem konnten die Teilnehmer den Text auf dem Handzettel zuhause nochmals nachlesen.

7. Die Teilnehmer wollten sich im Laufe des Jahres auch noch *Viel Lärm um nichts* ansehen. Da sie jetzt bereits darin geübt waren, Shakespeare laut zu lesen, lasen wir von mir mitgebrachte Rollenhefte. Einige Teilnehmer lasen lieber leise mit, andere brachten sich gerne aktiv ein. In zwei Blöcken zu jeweils zwei Stunden lasen wir das gesamte Stück laut. Ich kommentierte und wenn es Klärungsbedarf gab, diskutierten wir. Es war keinesfalls furchteinflößend.

Ich erzähle Ihnen all dies nur, um einige mögliche Alternativen zu digitalen Folien aufzuzeigen. Folien sind manchmal ein perfektes Medium; verlieren Sie aber niemals die Alternativen aus den Augen! Egal, welches Hilfsmittel Sie einsetzen, es geht immer um klare Kommunikation.

Ja, sie muss digital sein

Wenn Sie alle Möglichkeiten durchgespielt haben, kommen Sie häufig zu dem Schluss, dass sich Ihre Informationen tatsächlich am effektivsten als digitale, multimediale Präsentation vermitteln lassen. Überlegen Sie also als Nächstes, wie Sie Ihre Rede durch *Anschauungsmaterialien* und Videos ergänzen können. Während Sie dieses Buch lesen und Ideen sammeln, denken Sie immer daran: Sie sind der Star und die digitale Präsentation ist nur die Rolle, an der Sie sich festhalten können. Finden Sie Möglichkeiten, sich diese Rolle zunutze zu machen – sie soll nicht die Oberhand erlangen und Ihre Anwesenheit unnötig machen.

Ein anschauliches Beispiel

Auf den folgenden vier Seiten sehen Sie fast alle Folien aus einer Präsentation über die Veränderung der Welt durch die Technologien zur Verbreitung des geschriebenen Worts. Wie Sie erkennen können, ergeben sie für sich genommen keinen Sinn. Sie können den Inhalt erahnen, aber all die faszinierenden Details und Informationen, die diese verschiedenen Gedanken miteinander verbinden, vermittle ich in meinen Ausführungen. Die visuelle Präsentation bereichert meine Ausführungen. Diesen Kernpunkt sollten Sie bei der Gestaltung Ihrer eigenen Präsentation immer beachten – das Anschauungsmaterial ist nur ein Teil des Gesamtpakets. Der wichtigste Teil sind Sie selbst.

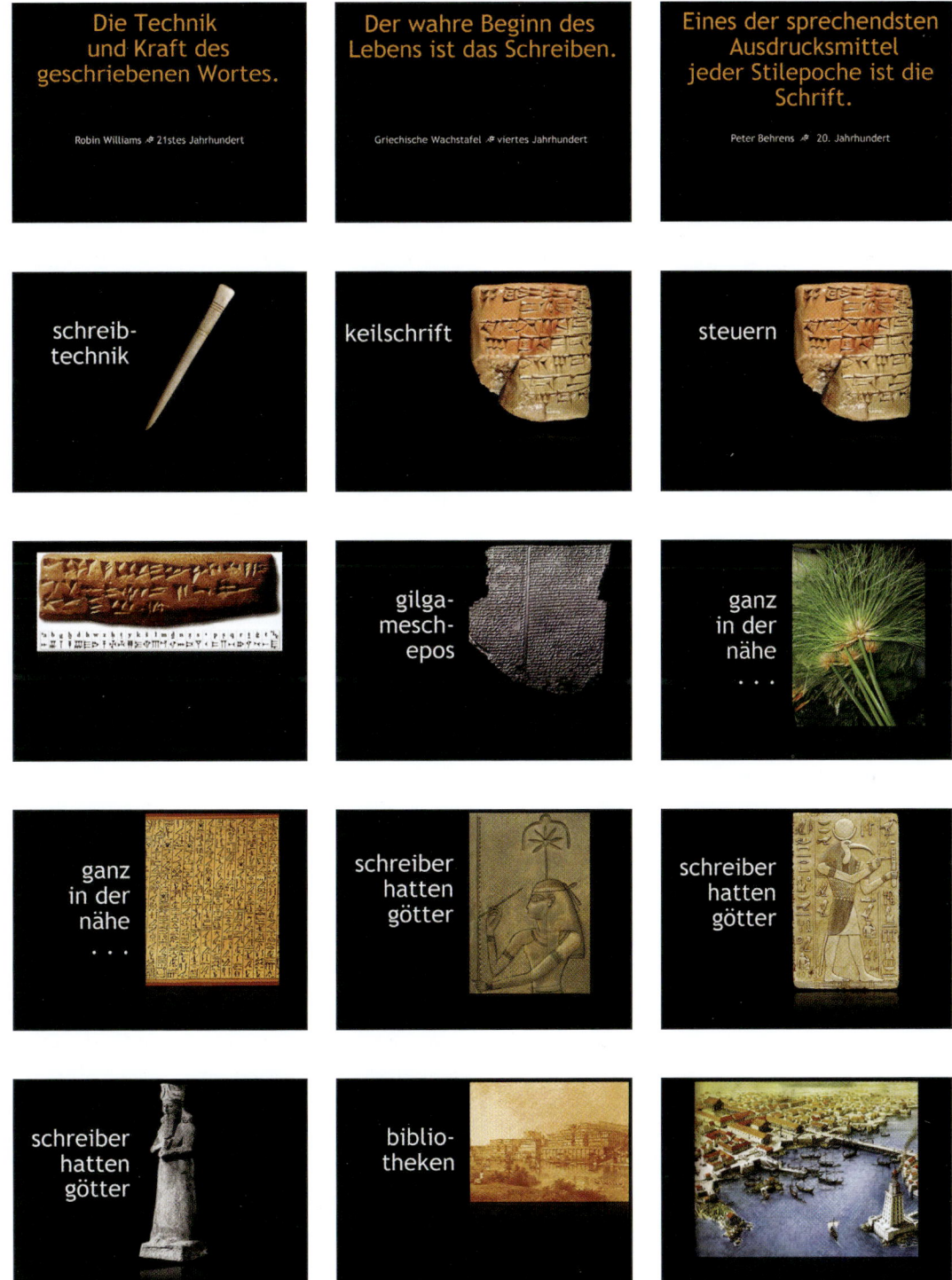

Die Technik
und Kraft des
geschriebenen Wortes.

Robin Williams ❦ 21stes Jahrhundert

Der wahre Beginn des
Lebens ist das Schreiben.

Griechische Wachstafel ❦ viertes Jahrhundert

Eines der sprechendsten
Ausdrucksmittel
jeder Stilepoche ist die
Schrift.

Peter Behrens ❦ 20. Jahrhundert

schreib-
technik

keilschrift

steuern

gilga-
mesch-
epos

ganz
in der
nähe
. . .

ganz
in der
nähe
. . .

schreiber
hatten
götter

schreiber
hatten
götter

schreiber
hatten
götter

biblio-
theken

biblio-
theken

hoppla
kein
papyrus
mehr

codex

seit 2000
jahren
unver-
ändert

die
technik
änderte
sich:
von rechts
nach links

römische
buch-
staben

kommer-
zielle
bücher
um 1250

die welt war nun
bereit für …

gutenberg
und die
druck-
maschine

vier
tech-
nologien

druckmaschinen

ölbasierte druckfarbe

papier aus china

metallguss und

gießformen

erste
schriften
basierten
auf hand-
schrift

humanisten
gestalteten
die
schriften
neu

fraktur-schrift

erstes unternehmen

druckmaschine

und die schreiber?

um 1500
15.000.000 gedruckte bücher

paperback

der druck änderte die sprache

der druck tötete menschen

der druck förderte die religion

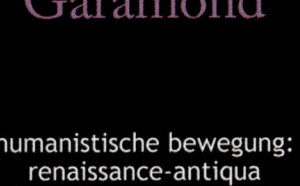
humanistische bewegung: renaissance-antiqua

werbung: egyptienne

innovation: übergangsschnitte

industrielle revolution: moderne schriftschnitte

stein von rosetta

werbung:
egyptienne-schriften

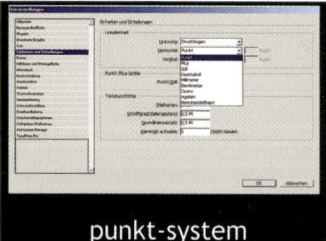

punkt-system

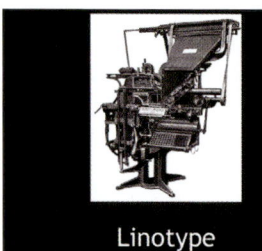

Linotype

Linotype

klimaanlage

meine güte:
serifenlos

digitale schrift

Linotype

macintosh-computer

ibm pc (QDOS)

vier technologien

schrift in der hand
der massen

das web

Was macht eine schlechte Präsentation aus?

Nach Ihrer ersten Präsentation sind Ihre Sinne für die mehr oder weniger deutlichen Stärken und Schwächen anderer Präsentationen geschärft. Notieren Sie sich diese Stärken und Schwächen. Die folgenden Punkte werden Ihr Publikum absolut nicht begeistern, während Sie auf dem Podium stehen:

Die Struktur

- Mangelhafte Vorbereitung
- Unordnung
- Langweiliger Inhalt
- Zu viele Informationen, nicht auf das spezielle Publikum zugeschnitten

Der Vortragende

- Nuscheln, schreien, stammeln (äh, naja, ich meine, Sie wissen schon) oder monotone Stimme
- Monotones oder zu schnelles Tempo
- Unterlagen durchblättern
- Nicht mit der Technik vertraut sein
- Im Dunklen sprechen
- Auf einem Podium direkt vor der Leinwand stehen
- Kaum (oder nie) ins Publikum blicken
- Von einem Blatt oder der Leinwand ablesen

Die digitale Präsentation selbst

- Übermäßig nervige Übergänge, sinnloses Beiwerk, unnötige Animationen
- Alberne Cliparts
- Kleiner Text auf der Leinwand
- Sehr viel kleiner Text auf der Leinwand
- Unzusammenhängende Wirkung: andere Schrift auf jeder Folie, andere Anordnung auf jeder Folie

Was macht eine gute Präsentation aus?

Wir werden in den nachfolgenden Kapiteln noch darauf eingehen, was ein gelungenes *Erscheinungsbild* einer digitalen Präsentation ausmacht. Aber jede Präsentation hinterlässt beim Publikum ein gutes, ein schlechtes oder ein neutrales Gefühl. Dabei ist es ganz egal, wie sie optisch daherkommt. Wodurch entsteht ein guter Eindruck? Das Wichtigste ist natürlich, die auf der vorigen Seite aufgeführten Ärgernisse zu vermeiden. Denken Sie aber auch an Folgendes:

- Natürlich ein interessanter Inhalt (das wäre doch mal was)
- Auf das spezielle Publikum zugeschnittener Inhalt
- Klare und einfache Struktur
- Wenig Stichpunkte
- Für das Thema und das Publikum relevantes Anschauungsmaterial
- Animationen, die nicht vom Inhalt ablenken, sondern diesen verbessern
- Der Vortrag selbst enthält mehr Informationen als die Folienpräsentation
- Eine Verbindung zum Publikum, das Gefühl von Gedankenaustausch
- Eingeübter Auftritt (und dies *ist* ein Auftritt)
- Humor ist immer gut, falls möglich

Fassen Sie es in Worte

Sie habe schon gute und schlechte Präsentationen gesehen. **Fassen Sie in Worte**, was Ihnen an den guten gefallen hat und was an den weniger guten nicht so toll war. Manchmal kann eine Präsentation in vielerlei Hinsicht gelungen sein und nur in ein oder zwei kleinen Punkten daneben liegen. Notieren Sie sich dies.

Sobald Sie das Problem oder seine Lösung in Worte fassen können, sind Sie sich dessen besser bewusst und können daran arbeiten. Wenn Sie nur: »Hm, das war langweilig« sagen können, dann werden Sie dabei nichts lernen. Warum war die Präsentation langweilig? Wodurch *genau* war sie langweilig? Wenn Sie sich die Zeit nehmen, die Probleme in den richtigen Worten auszuformulieren, können Sie diese störenden Faktoren in Ihren eigenen Präsentationen vermeiden und an den positiven Elementen arbeiten.

Softwareauswahl

Für digitale Präsentationen stehen vor allem die vier folgenden Möglichkeiten zur Auswahl.

Microsoft PowerPoint

Je nachdem, welche Version von Microsoft Office Sie kaufen (Home/Student, Professional, Mac oder PC usw.) gibt es unterschiedliche Preisabstufungen. Es kommt auch darauf an, ob Sie PowerPoint einzeln oder ob Sie das komplette Office-Paket kaufen (dieses ist letztlich sogar preiswerter). PowerPoint ist die am weitesten verbreitete Präsentationssoftware. Die anderen nachfolgend genannten Programme können ebenfalls PowerPoint-Präsentationen öffnen und die Dateien manchmal auch in diesem Format speichern.

Apple Keynote

Keynote ist Bestandteil des iWork-Pakets von Apple. Dieses enthält auch Pages (ein Programm zur Textverarbeitung und zum Seitenlayout) und Numbers (eine Tabellenkalkulationssoftware). Das Paket aus diesen drei Programmen kostet 79€. Es ist nur für den Mac erhältlich.

Keynote kann PowerPoint-Dateien öffnen. Es kann auch Dateien im PowerPoint-Format speichern, so dass Sie sie am PC betrachten können. Dabei gehen jedoch einige Funktionen verloren. Testen Sie das Ergebnis also auf jeden Fall, bevor Sie die Präsentation zeigen.

Google Presently

Dies ist ein Bestandteil des Online-Pakets Google text und tabellen. Die Software ist kostenlos und lässt sich mit mehreren Nutzern im Team einsetzen.

OpenOffice Impress

Diese Software ist für Macintosh- sowie Windows- oder Linuxrechner erhältlich. Und sie ist umsonst.

Wenn Sie an einem Mac arbeiten und die freie Wahl haben, verwenden Sie Keynote – es bietet die meisten Funktionen und lässt sich am einfachsten bedienen. Auf einem PC ist wahrscheinlich PowerPoint Ihre Standardanwendung, aber Sie können auch Google Presently oder OpenOffice Impress einsetzen (beides kostenlos).

Apple Keynote

Keynote bietet Dutzende von tollen Vorlagen. Sie können also sofort mit Ihrer Arbeit loslegen. Wenn Sie einen me.com-Account bei Apple haben, können Sie die Präsentation online freigeben. Dann können eingeladene Nutzer zu jeder Seite Kommentare abgeben, Anmerkungen für andere schreiben oder die Datei sogar herunterladen. Sehen Sie selbst unter Apple.de/iWork.

Microsoft PowerPoint

Als PC-Anwender besitzen Sie wahrscheinlich schon eine Kopie von PowerPoint.

Dies ist eine Windows-Version von PowerPoint. Je nach Alter und Version sieht Ihre vielleicht ein wenig anders aus. Holen Sie sich die neueste Version.

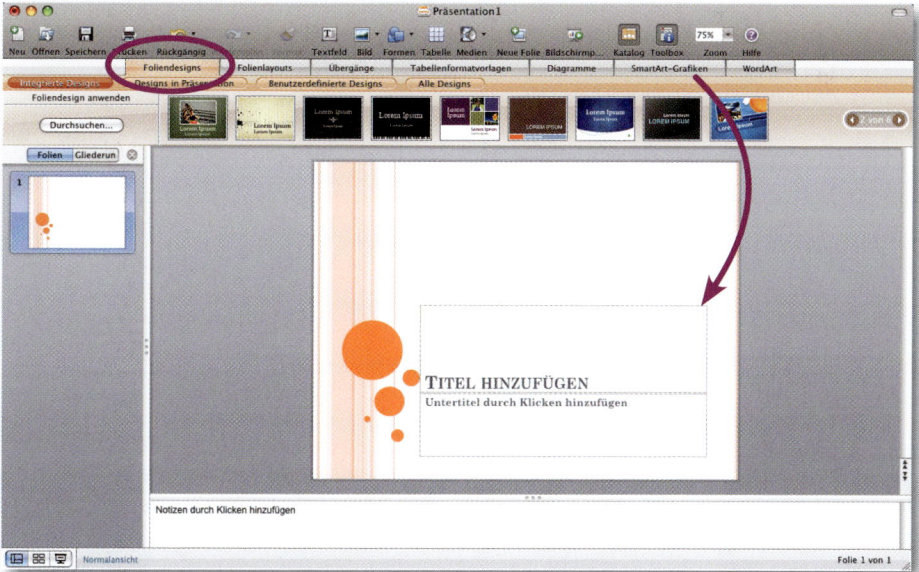

Dies ist die Mac-Version von PowerPoint, bei der gerade das Register »Foliendesigns« angezeigt wird.

Google Presently

Google text & tabellen auf docs.google.com beinhaltet eine Online-Präsentations-anwendung namens Presently. Zum Öffnen und Freigeben einer Präsentation ist ein (kostenloser) Google-Account erforderlich. Sie können Präsentationen erstellen, bearbeiten und sie für Kollegen, Freunde oder Familienmitglieder

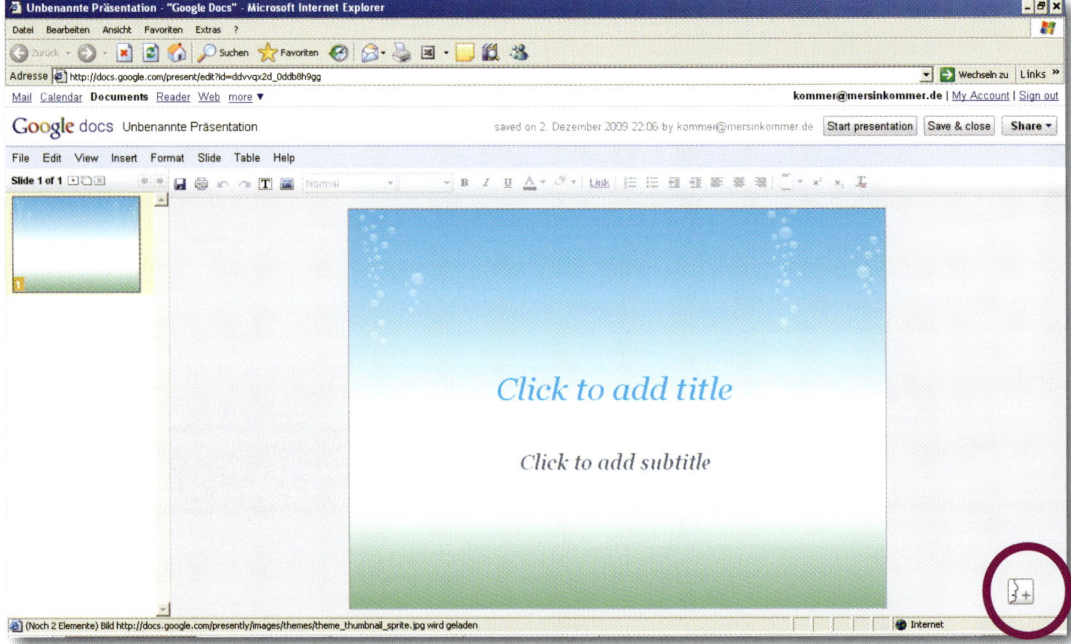

Presently unter Windows bei Verwendung einer kostenlosen Vorlage

Klicken Sie hier, um die Rednernotizen zu lesen bzw. aufzuzeichnen.

freigeben. Wenn Sie die Erlaubnis erteilen, können diese gleichzeitig auch an den Präsentationen arbeiten, so dass Presently sich auch im Team einsetzen lässt. Sie können Dateien mit den Endungen .ppt (PowerPoint) und .pps (PowerPoint-Viewer) importieren, Ihre Präsentationen in den Formaten .pdf oder .ppt oder als Textdatei herunterladen, diese auf Webseiten veröffentlichen oder einbetten und sie somit weltweit zugänglich machen.

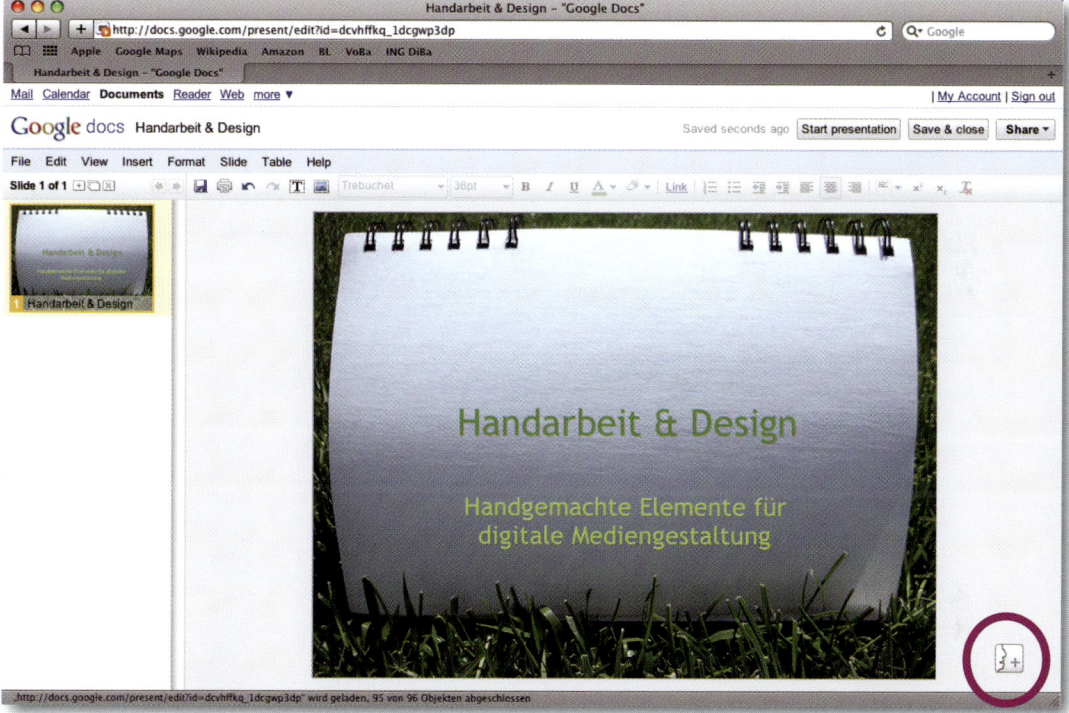

Presently auf dem Mac bei Verwendung einer kostenlosen Vorlage

Klicken Sie hier, um die Rednernotizen zu lesen bzw. aufzuzeichnen.

OpenOffice Impress

Impress ist nicht so ansprechend wie Keynote. Dafür ist es kostenlos. Als einigermaßen begabter Designer können Sie damit schöne Präsentationen gestalten. Es gibt nur einen Stil für alle Folienübergänge und andere Funktionen sind gegenüber Keynote oder PowerPoint stark eingeschränkt – dafür ist das Programm aber auch umsonst.

Impress beherrscht das Speichern im PowerPoint-Format und lässt sich auf dem Mac, auf Windows-Rechnern oder unter Linux einsetzen. Laden Sie es sich von www.openoffice.org herunter.

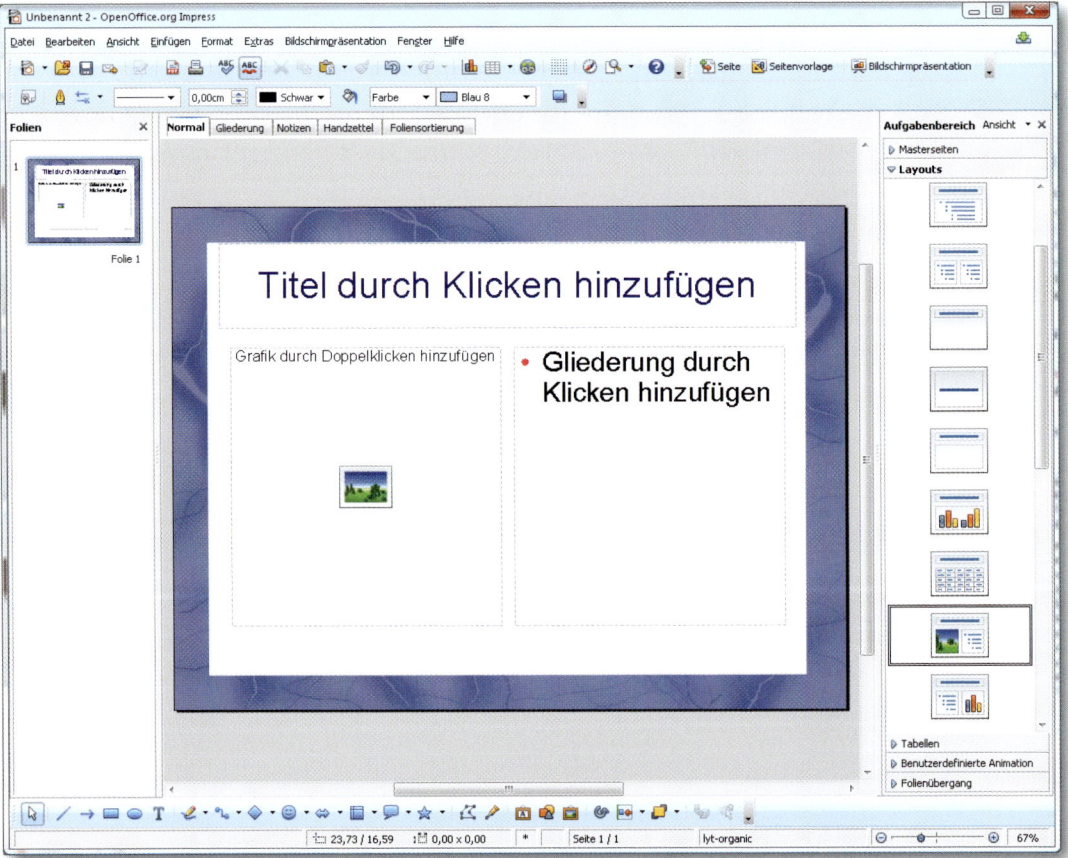

2 Ordnen Sie Ihre Gedanken

Manche Anwender springen gerne ins kalte Wasser und beginnen direkt in der Software mit der Foliengestaltung; andere nehmen sich zuvor lieber etwas Zeit und ordnen ihre Gedanken.

Ich steige auch gerne direkt im Programm ein; aber ich muss zugeben, dass ich mich dadurch häufig viel zu früh auf das Aussehen der Präsentation festlege und am Ende beim Hinzufügen weiterer Inhalte alles mehrmals machen muss. Ich habe also gelernt, mich zu beherrschen und *zuerst* meine Gedanken zu ordnen.

Nachdem Sie die Daten erst einmal sortiert haben, können Sie die Informationen anhand der vier Richtlinien aus dem nächsten Abschnitt verdeutlichen; suchen Sie passende Grafiken, Videos und Klänge; planen Sie angemessene Animationen, mit denen Sie die Informationen veranschaulichen können, und kanalisieren Sie Ihre Gedanken in eine zusammenhängende Form mit Einleitung, Mittelteil und Schluss.

Planen, gliedern, zusammenfassen

Vielleicht zählt Ordnung zu Ihren Stärken, so dass Sie Ihre Präsentation ohne Schwierigkeiten ausarbeiten können. Möglicherweise verfügen Sie in diesem Zusammenhang sogar bereits über einige bevorzugte Werkzeuge und Methoden. Dann haben Sie Glück, denn eine gute Gliederung ist einer der wichtigsten Grundpfeiler einer erfolgreichen Präsentation.

Vielleicht schwirren Ihnen aber auch allerhand Ideen im Kopf herum und Sie benötigen eine Methode, um hier Ordnung zu schaffen. Auch dann haben Sie Glück, denn es gibt bereits verschiedene Werkzeuge, mit denen sich Ihre Ideen nutzbar machen lassen.

Wenn Sie PowerPoint oder Keynote verwenden, suchen Sie als Erstes die Gliederungsfunktion (siehe Seite 33). Hier können Sie Überschriften und Stichpunkte eingeben und müssen sich dabei keine Gedanken um das Aussehen des Projekts machen. Wenn Sie sich bei der Gliederung der Präsentation gleichzeitig um das Aussehen kümmern, kann Sie dies zu sehr ablenken. In der Gliederungsansicht können Sie sich also ganz auf das Wesentliche konzentrieren – auf die Gliederung.

ABER bevor Sie überhaupt damit beginnen – ob Sie nun ein Organisationstalent sind oder nicht –, lege ich Ihnen wärmstens die Lektüre von Kapitel 3 ans Herz. Dann begehen Sie nicht den Fehler, den Vortragstext auf die Folien zu schreiben, und sind später nicht gezwungen, diesen von den Folien abzulesen. Sie sollten höchstens eine Überschrift oder ein paar Worte auf der Leinwand zeigen und damit die Aufmerksamkeit des Publikums darauf lenken, was Sie zu *sagen* haben. Ihre Anmerkungen können Sie wie rechts abgebildet in den Notizbereich Ihrer Software eingeben.

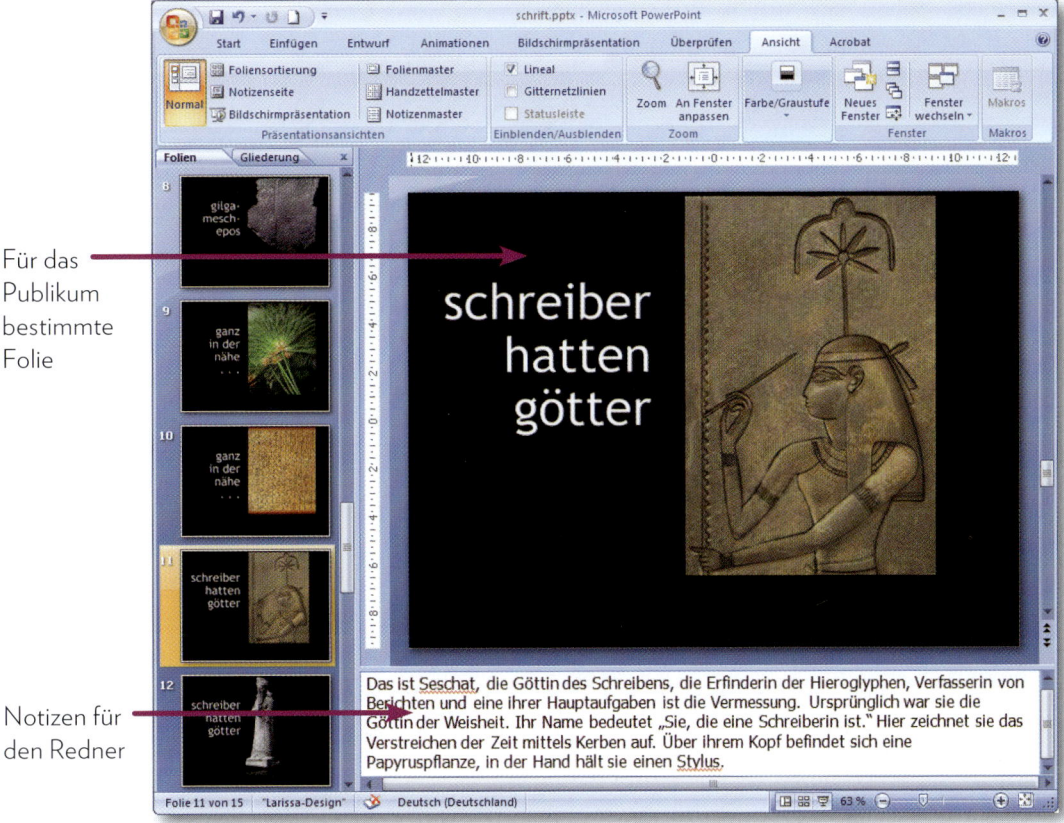

Für das Publikum bestimmte Folie

Notizen für den Redner

Herkömmliche Klebezettel

Heutzutage hat die Technik in alle Bereiche Einzug gehalten. Vernachlässigen Sie deshalb aber nicht die guten alten Klebezettel. Es ist wunderbar einfach, Notizen von Hand aufzunotieren und sie dann auf dem Tisch oder an der Wand umherzuschieben. Klebezettel funktionieren immer auch als herrlich einfaches Werkzeug zur Teamarbeit. Und durch ihre begrenzte Größe müssen Sie auch die Wortanzahl zu jeder Überschrift einschränken.

PowerPoint und Keynote verfügen über Gliederungsansichten, in denen Sie Ihre Präsentation in reinem Text strukturieren können, wobei Sie sich zunächst nicht um die Optik sorgen müssen. Wenn Sie schon einmal die Gliederungsfunktion in Ihrer Textverarbeitung verwendet haben, dann werden Sie mit der PowerPoint- oder Keynote-Gliederungsansicht blendend zurechtkommen.

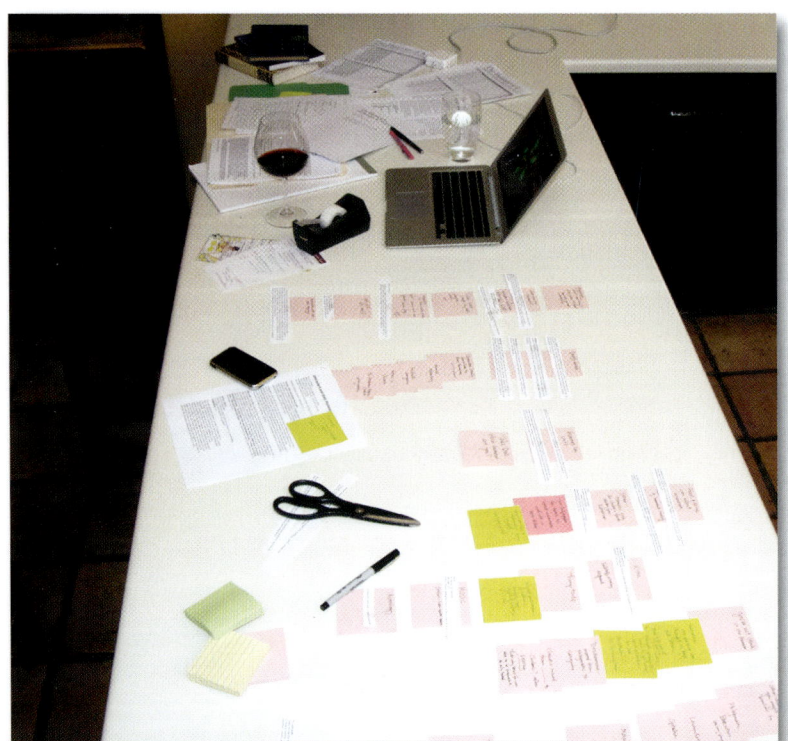

Ein Beispiel für die Vorbereitung einer Präsentation noch vor dem Öffnen der Software. Ich beschrieb zahlreiche Klebezettel, schnitt wichtige Punkte aus einem bereits zuvor beschriebenen Blatt aus, fügte sie beim Gliedern der Informationen an den richtigen Stellen ein und so weiter. Ich habe gerne alles anschaulich vor mir.

Wie Sie an den Abbildungen auf der nächsten Seite erkennen, können Sie in der Gliederungsansicht Ihre Gedanken in der Geschwindigkeit eingeben, in der Sie Ihnen in den Kopf kommen; dabei können Sie jederzeit das Foliensymbol (nicht den Text) erfassen und diese Folie an eine andere Position ziehen.

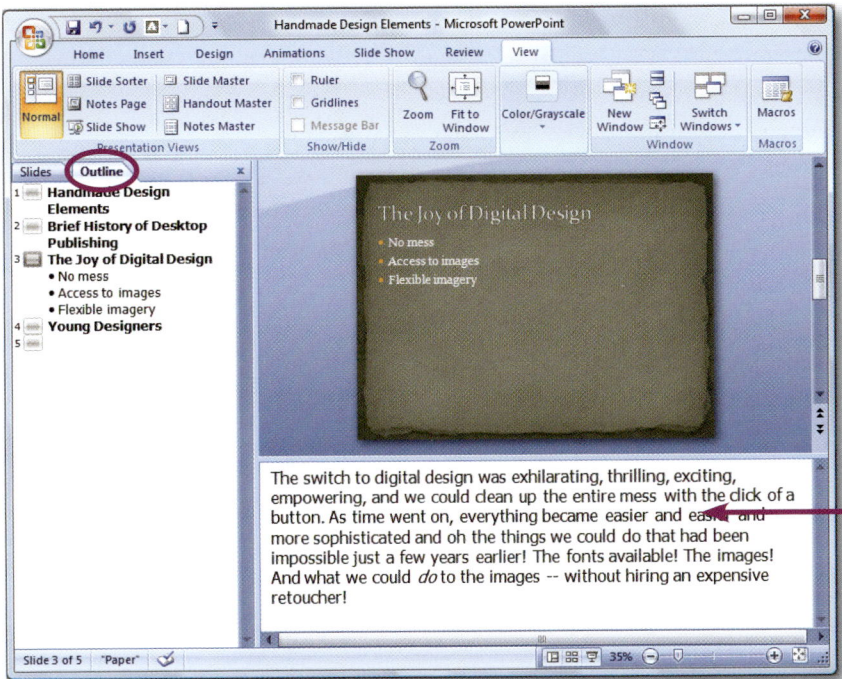

Denken Sie daran, dass die Folie Ihre **Rede** unterstreichen soll. Schreiben Sie die Stichpunkte Ihres Vortrags in den Notizbereich, *nicht* auf die Folie.

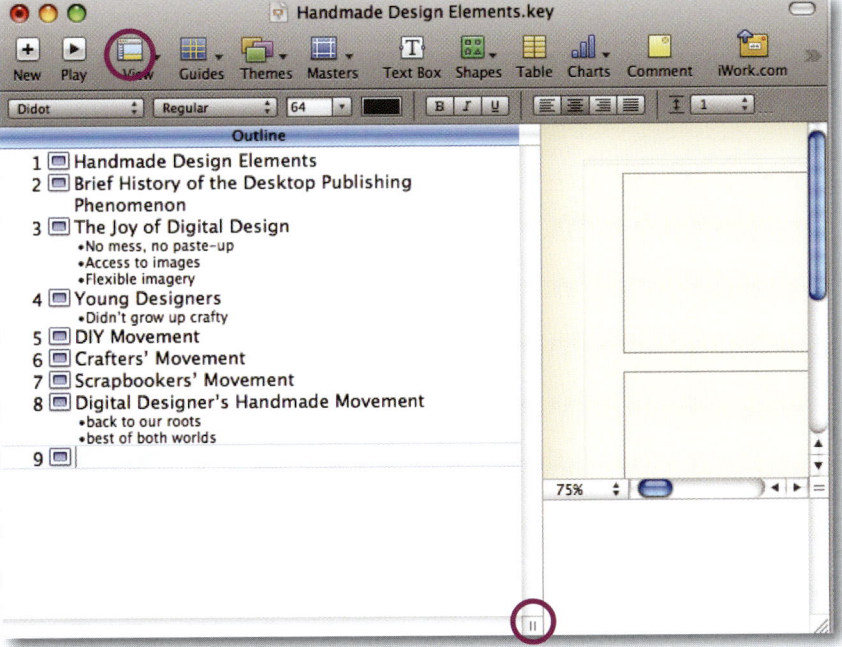

Eventuell sollten Sie den Gliederungsbereich so stark vergrößern, dass Sie nur noch sehr wenig von der Folie erkennen können – dann werden Sie nicht von den grafischen Elementen abgelenkt.

Das Programm OmniOutliner (nur für den Mac) ermöglicht die Gliederung auf höherem Niveau. Wenn Sie also gerne mit der Gliederung arbeiten, besuchen Sie OmniGroup.com und probieren Sie das Programm aus. Sie können Themen, Unterthemen, Stichpunkte und Rednernotizen flexibler und mit zusätzlichen Optionen gliedern und Ihre Datei dann als Keynote-Präsentation exportieren. OmniOutliner ist preiswert und Sie können eine Testversion davon herunterladen (eventuell befindet sie sich bereits im Programmverzeichnis Ihres Mac).

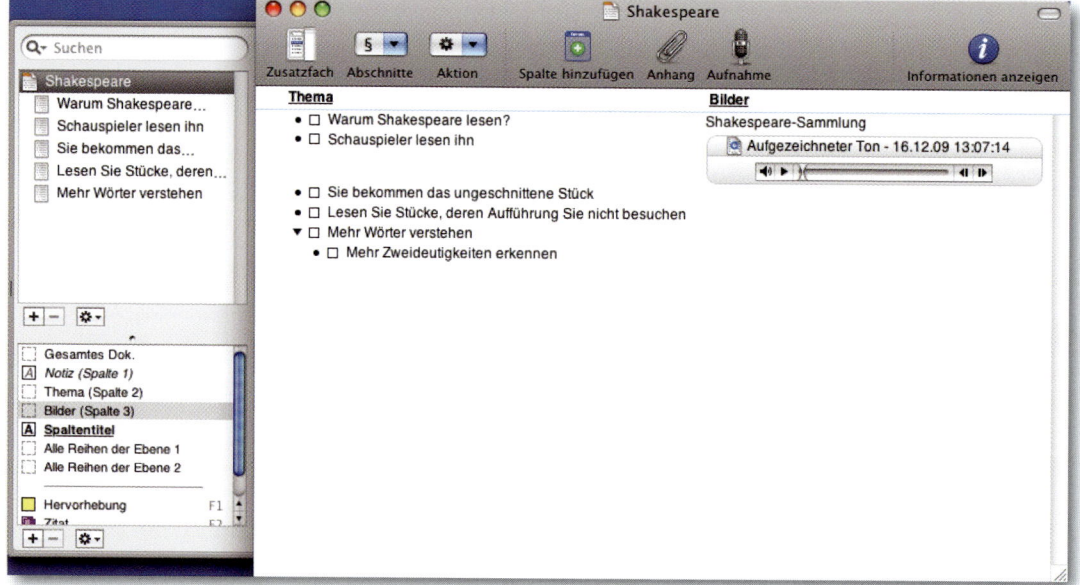

Mit OmniOutliner können Sie die in Ihrer Präsentation enthaltenen Multimediadateien ordnen.

Mind Maps und Ideenwolken

Wenn Sie Ihr Projekt unter Verwendung von Concept Maps, Mind Maps, Idea Clouds oder Idea Webs verwenden (alles verschiedene visuelle Darstellungen Ihrer Gliederung), um Ihr Projekt eher grafisch als linear bzw. unter Verwendung von Text auszuarbeiten, probieren Sie die Software von Inspiration aus (Inspiration.com, Mac und Windows, 69 US$). Mit diesem Werkzeug lassen sich hervorragend optische Gliederungen erzeugen, wie sie auf der nächsten Seite dargestellt sind. Sie können Multimedia-Dateien einfügen und sogar Ihre Stimme direkt mit dem Programm aufnehmen.

Inspiration kann aus Ihrer visuellen Concept Map eine Standardgliederung in Textform erstellen, in der Sie Elemente durch Klicken und Ziehen anders anordnen können. Sie können die Gliederung in eine Textverarbeitung oder als PowerPoint-Präsentation exportieren. Inspiration ist auch Hersteller von Webspiration, das sich zur Online-Zusammenarbeit eignet.

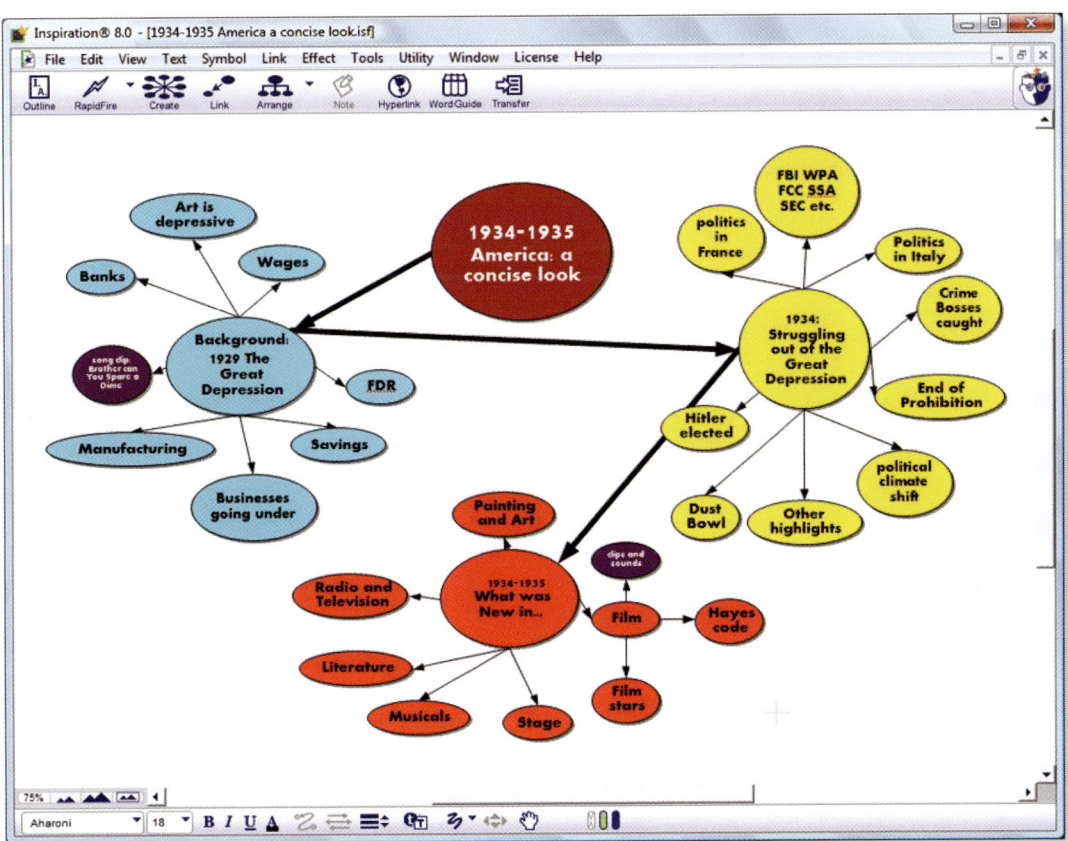

Foliensortierungs- oder Leuchttischansicht in der Software

Wenn Sie einige Folien fertiggestellt haben, können Sie die Gesamtstruktur in der PowerPoint-Foliensortierungsansicht oder der Keynote-Leuchttischansicht begutachten. Auf diese Weise können Sie sehr gut alle Folien Ihrer Präsentation im Überblick betrachten und den Fortschritt der Gliederung nachverfolgen. Sie können auch Folien verschieben, um sie neu zu ordnen.

Wenn Sie mit der Gestaltung der Folien beginnen, hilft Ihnen die Foliensortierung bzw. der Leuchttisch, zu erkennen, welche Folien eventuell zu stark von der Norm abweichen, wo Sie mehr Kontrast benötigen, ob die Schrift groß oder fett genug ist und so weiter. Nutzen Sie diese tolle Funktion.

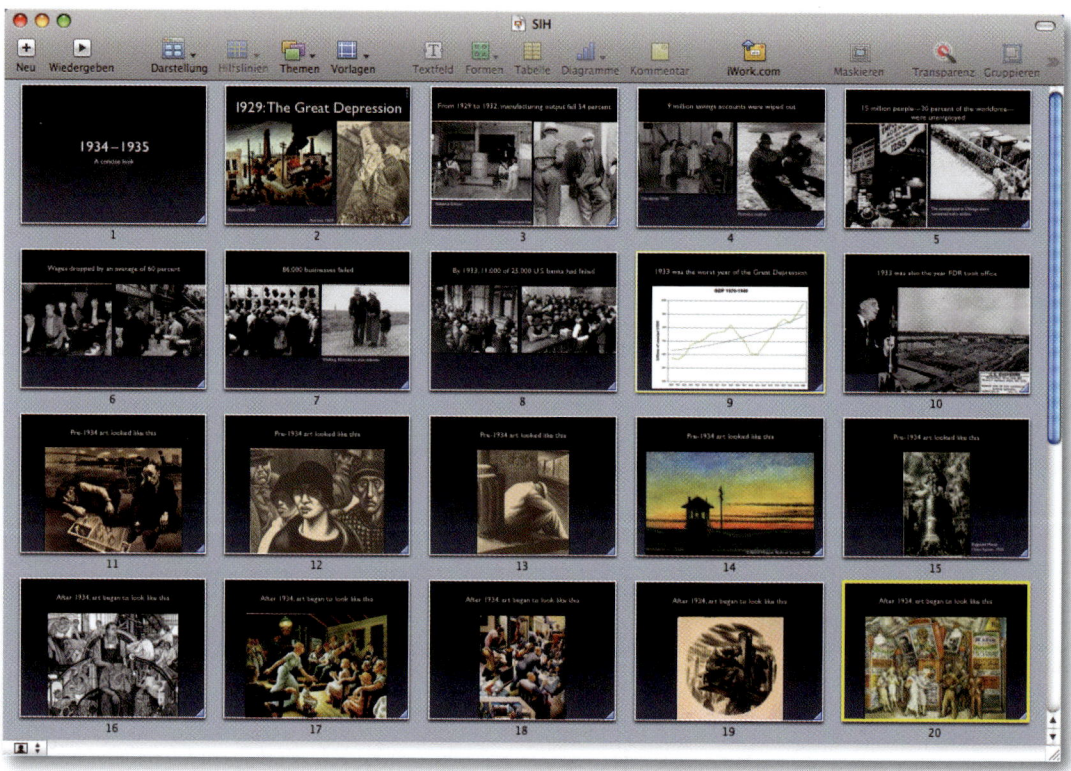

Präsentation recherchiert und erstellt von Ross Carter

TEIL II

VIER
Prinzipien *der*
KONZEPTIONELLEN
Gestaltung

OPTIMIEREN SIE DEN INHALT

Bevor Sie das *optische* Erscheinungsbild Ihrer Folien gestalten, nehmen Sie sich etwas Zeit zur *konzeptionellen* Aufbereitung des Inhalts. Wenn Sie die Gedanken in diesem Abschnitt beachten, erleichtern Sie sich die eigentliche Foliengestaltung und Sie erhalten eine bessere, vielfältigere Präsentation.

Vier Grundsätze der konzeptionellen Gestaltung

In meinem Buch *Typografie und Design für dich* habe ich die altehrwürdigen Gestaltungsgrundsätze auf vier Grundprinzipien verdichtet: Kontrast, Wiederholung, Ausrichtung und Nähe. Im nächsten Abschnitt werde ich diese Grundsätze nochmals speziell zur Anwendung auf Präsentationsfolien wiederholen. Bevor wir jedoch überhaupt mit der Gestaltung von Folien beginnen, wollen wir vier Grundregeln besprechen, die noch *vor der eigentlichen Gestaltung zu beachten sind*.

Deutlichkeit

Weg mit dem Gerümpel. Kommen Sie auf den Punkt. Vereinfachen Sie. Seien Sie konkret. Kürzen Sie. Sie müssen nicht *alles* erzählen. Lockern Sie den Text auf – pressen Sie die Informationen nicht zusammen.

Relevanz

Verwässern Sie Ihr Thema nicht mit unwichtigem Beiwerk auf den Folien oder in Ihrer Rede. Stimmen Sie Gedanken und Grafiken auf Ihr Thema und auf Ihr *spezielles* Publikum ab. Alles sollte außerdem einen Bezug zu *Ihrer* Person und zum momentanen Anlass haben. Dies gilt nicht nur für das, was Sie sagen, sondern auch dafür, wie Sie dies sagen.

Animation

Überlegen Sie sich *passende* Animationen und Übergänge, die keine Verwirrung stiften, sondern zur *klaren* Vermittlung Ihrer Informationen beitragen.

Handlung

Erzählen Sie eine Geschichte. Stecken Sie den gewünschten Weg ab und beschreiben Sie, warum Sie das tun. Beginnen Sie am Anfang und arbeiten Sie sich zum Schluss vor. Wenn das Projekt dies rechtfertigt, bauen Sie einen Höhepunkt auf (den Sie dann zurückschrauben, bevor Sie zum Ende kommen). Verleihen Sie Ihrem Vortrag eine menschliche Note. *Sprechen* Sie mit Ihrem Publikum. Wenn Sie diese Gedanken von Anfang an verfolgen, werden Sie eine Präsentation erstellen, die dem Publikum Freude macht.

3 Deutlichkeit

Dieses Kapitel zeigt Ihnen, wie wichtig es ist, dass Ihre Präsentation deutlich und verständlich ist und dass die Zuschauer die Informationen leicht aufnehmen können. Egal, wie schön Sie alles aufbereiten – solange Sie nicht deutlich kommunizieren, ist all diese Schönheit wertlos.

Zur klaren Kommunikation gehört auch die Entscheidung, welche Inhalte ausgespart werden. Es ist schwierig, scheinbar wichtige Informationen aus dem Programm zu streichen. Bedenken Sie aber, dass niemand im Publikum sich an alles erinnern wird, was Sie sagen. Je weniger Sie sagen, desto mehr davon wird tatsächlich hängen bleiben. Richten Sie Ihre Informationen *auf dieses spezielle Publikum* aus und lassen Sie alles weg, was vom eigentlichen Kern ablenkt. Müssen die Vertriebsleute wirklich über die Geschichte und Philosophie Ihres Unternehmens informiert werden oder können Sie gleich zum Punkt kommen und ihnen das für sie relevante Produkt präsentieren? (Geben Sie den Teilnehmern mit dem Handzettel oder einer Mitnahmebroschüre einen Link zur Unternehmensübersicht.)

Straffen Sie den Text!

Eine klare, geradlinige, optisch ansprechende Präsentation erfordert auch einen gut bearbeiteten Text. Löschen Sie überflüssige Wörter! Je weniger Wörter sich auf der Folie befinden, desto größer können sie dargestellt werden und desto mehr Gestaltungsmöglichkeiten bestehen.

NÄHRSTOFFE

- Eiweiß liefert alles, was kreucht und fleucht
- Kohlenhydrat-Lieferanten haben Wurzeln im Boden
- Fett stammt aus Nüssen und Samen, Avocados und Milchprodukten

Wenn Sie alle überflüssigen Wörter (die in der oberen Folie noch vorhanden sind) streichen, bietet sich dem Vortragenden mehr Platz für stärkere Kontraste, größere Schrift und eine klarere Botschaft, die sich schnell lesen und aufnotieren lässt.

Nährstoffe

Protein:
alles, was kreucht und fleucht

Kohlenhydrate:
Wurzeln im Boden

Fette:
Nüsse, Samen, Oliven, Avocados, Milchprodukte

Die Verdichtung der Informationen auf ihre Kerninhalte erleichtert Ihnen auch deren Präsentation. Sie können die Folien als Überblick nutzen, damit Sie nicht den Faden verlieren.

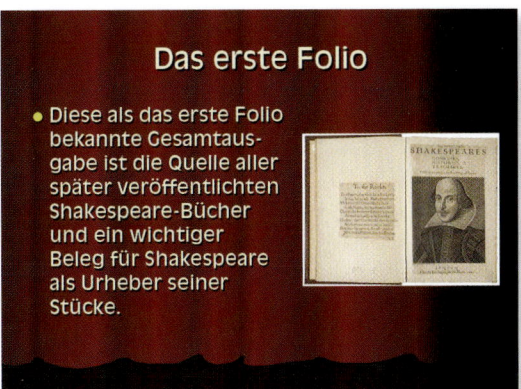

In diesem Beispiel setzt der Vortragende zu viele Wörter auf die Folie. Tatsächlich sind die meisten davon überflüssig, weil er dieses Objekt, das erste Folio, über mehrere Minuten hinweg besprechen wird.

Durch die Verdichtung der Hauptpunkte auf wenige Wörter können die Zuhörer diese aufnehmen und ihre Notizen vervollständigen, während sie dem Sprecher zuhören. Und dieser kann sowohl die Grafik (hier zugeschnitten) als auch den Text vergrößern.

Er kann auf der Folie eventuell auch ganz auf Stichpunkte verzichten und nur ein Bild des ersten Folios zeigen. Das Bild mit dem Titel wird viel länger in der Erinnerung der Zuhörer haften bleiben als der Text mit seinen vielen überflüssigen Wörtern.

Und ich würde auch auf den albernen Hintergrund verzichten. Wenn Sie einen hervorstechenden Hintergrund verwenden wollen, dann arbeiten Sie auch mit ihm – klatschen Sie nicht einfach irgendwelche Elemente darauf.

Vermeiden Sie lange Ganzsätze

Sie brauchen fast nie ganze Sätze auszuschreiben, vor allem keine langen. Sie *sprechen* in ganzen Sätzen, das Publikum soll auf Ihrer Folie also nur die Hauptpunkte im Blick haben. Wenn die Hauptpunkte direkt zugänglich sind und das Publikum keinen vollgepackten Satz lesen muss, kann es die Gedanken auf der Folie sofort erfassen und *Ihnen* trotzdem noch genügend Aufmerksamkeit widmen, wenn Sie genauer auf diese Punkte eingehen.

Im unteren Beispiel sehen Sie keine Aufzählungszeichen. Es handelt sich um eine Aufzählung von Stichpunkten. Durch einfaches Weglassen der Aufzählungszeichen wirkt die Folie jedoch harmonischer.

Umgang mit Aggression

Positive Aspekte von Wut sind gesteigerte Energie, verbesserte Kommunikation von Gefühlen, verbessertes Problemlösungsvermögen, die Möglichkeit, die Situation zu kontrollieren.

http://www.angermanage.org/question_show.cfm?selected=9

5

Unten habe ich überflüssige Elemente von der Folie entfernt. Wichtige Internetadressen (wie auf der oberen Folie) sollten auf dem Handzettel stehen – niemand kann gleichzeitig komplizierte Links aufschreiben und Ihnen zuhören.

Mit diesem verkürzten Text können Sie Ihren Teil sagen und Ihr Publikum kann die Hauptpunkte besser aufnehmen.

Umgang mit Aggression

Positive Aspekte von Wut:

Gefühle ausdrücken,
Probleme lösen
Situationen kontrollieren,
Ihre Energie steigern.

Präsentieren Sie nicht Ihre Notizen

Das unten gezeigte Beispiel ist eine der Präsentationen, die zu Vorschriften wie »Lesen Sie Ihre Folien nicht vor!« führt. Das Problem ist nicht, dass die Sprecherin ihre Folie vorliest – das Problem ist, dass sie ihre einleitenden Anmerkungen direkt auf die Folie geschrieben hat. *Sie hat also gar keine andere Wahl, als die Folie vorzulesen* – diese ist ihre Einleitung.

Dieser Präsentationsstil ist vollkommen in Ordnung, wenn Sie die Datei versenden möchten und sie für sich selbst sprechen muss. Wenn Sie sie aber persönlich präsentieren, packen Sie nicht Ihren gesamten *Sprechertext* auf die Folie. Warum sollten Sie sonst überhaupt noch erscheinen?

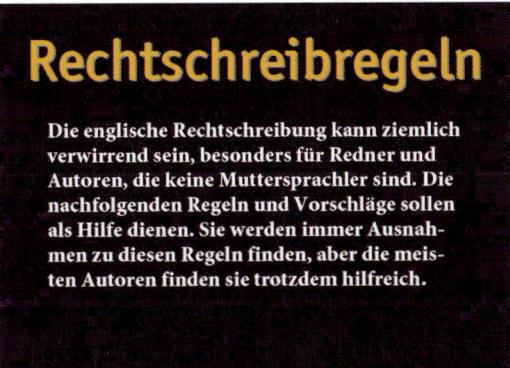

Das genügt als Einleitungsfolie. Sie **zeigen** diese Folie und **sprechen** den links gezeigten Text.

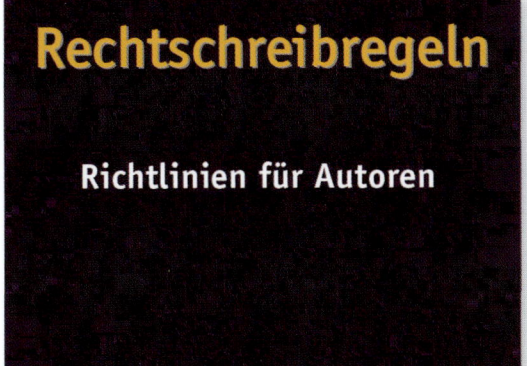

Zeigen Sie auf der Folie nicht das, was Sie laut vortragen möchten. Geben Sie dem Publikum einen Grund, auf Ihre dynamische Person zu achten.

Wenn Sie die Folie *nicht* vorlesen, unterstreichen Sie IHRE Autorität und zentrale Rolle in der Präsentation. Es wird deutlich, dass Sie Bescheid wissen und lieber sprechen und lehren als nur vorzulesen.

Schreiben Sie im Aktiv

Ich weiß, dass diese kleine Wiederholung zum Thema Aktiv oder Passiv nicht wirklich etwas mit der Gestaltung zu tun hat. Die Anzahl der Wörter auf der Folie ist aber davon betroffen und das *ist* gestaltungsrelevant. Im Aktiv kommen Sie normalerweise mit weniger Wörtern aus. Und wir sind ja gerade dabei, überflüssige Wörter zugunsten der Deutlichkeit zu opfern.

Einen Passivsatz erkennen Sie daran, dass niemand verantwortlich ist. Das ist, als würden Sie vor einer Gruppe ein Problem erörtern, ohne dabei Schuldzuweisungen machen zu wollen.

»Die Mikrowelle im Büro wurde kaputt gemacht« ist passiv.
»Georg hat die Mikrowelle kaputt gemacht« ist aktiv.

Wenn Ihnen auf einer Folie im Passiv formulierte Erklärungen oder Anweisungen auffallen, verwenden Sie für diese stattdessen den Aktiv.

»Wenn ein Brand vermutet wird, kann der große rote Knopf gedrückt werden« ist passiv. »Bei Brandverdacht drücken Sie den großen roten Knopf« ist aktiv.

»Wenn Sie das Gefühl haben, dass Ihr Leben bedroht wird, können Sie häufig durch Wegrennen entkommen« ist passiv. »Bei Lebensgefahr rennen Sie« ist aktiv.

Im Aktiv verfasste Sätze sind dynamischer und, was für eine Folienpräsentation noch wichtiger ist, *Sie brauchen für Aktivsätze weniger Wörter.*

Sie können es auch ganz ohne Text probieren. Ihre Zuhörer haben eine visuelle Botschaft vor Augen und Ihre aussagekräftigen Worte in den Ohren (sowie eventuell benötigte Daten als Handzettel in den Händen; siehe Kapitel 13). Dieser Stil liegt momentan voll im Trend – Bilder ohne Worte. Das Schlüsselwort oder der Schlüsselsatz *zusammen* mit dem Bild stellt aber einen absolut gangbaren Weg dar, weil sich dabei *sowohl* der Text als auch das Bild ins Gehirn einbrennen, was sicherlich kein Fehler ist. Und die Schlagworte auf der Leinwand erleichtern Ihnen den Bezug auf die angesprochenen Punkte.

Bei der passiven Formulierung werden zu viele Wörter verwendet:

Wenn Sie weniger Wörter verwenden, können Sie auch über den Einsatz bildschirmfüllender Grafiken nachdenken. Sie gehen auf diese Themen beim Sprechen noch näher ein (deshalb sind Sie ja anwesend); weshalb viele dieser Wörter auf der Leinwand überflüssig sind.

Versuchen Sie es nun mit noch weniger Wörtern:

Fotos: iStockphoto.com

Versuchen Sie, den Text zu straffen

Alle zuvor genannten Richtlinien zielen darauf ab, den Text zu kürzen, damit Sie 1) mehr Gestaltungsmöglichkeiten haben, 2) Ihr Publikum nicht langweilen, 3) deutlicher werden und 4) es Ihrem Publikum ermöglichen, sich auf Sie und Ihren Vortrag zu konzentrieren, statt möglichst viele Wörter lesen zu müssen.

Unten finden Sie Beispiele von Folien mit zu viel Text. Können Sie diese so überarbeiten, dass sie nur noch die wesentlichen Informationen beinhalten? Denken Sie daran, dass *die Folien nicht die ganze Geschichte erzählen müssen. Sie müssen nicht für sich selbst sprechen.*

Shakespeare, der Chaucerianer

- Der Chaucerianische Einfluss ist über das gesamte Werk Shakespeare hinweg unverkennbar.
- Shakespeare liest Chaucer sehr genau und bindet ihn in unterschiedlichster und teils sehr unterschwelliger Weise ein. Oft antwortet er damit auf ein Thema, das Chaucer aufwirft oder liefert seine eigene Antwort zu einem bestimmten Thema.
- Shakespeare zeigt ein tiefes Verständnis und große Wertschätzung für Chaucers Kunst und Methoden.

DER MÄCHTIGE APOSTROPH

Der Apostroph wird nur in einigen wenigen Fällen eingesetzt, dann ist er jedoch sehr wichtig. Ein falsch gesetzter Apostroph kann sehr störend sein – und außerdem äußerst einsam. Die englische Sprache nutzt den Apostroph zur Besitzanzeige, zur Darstellung von Abkürzungen und für einige Pluralformen.

Denken Sie auch daran, dass Sie Ihrem Publikum als Vortragender auch Handzettel bereitstellen sollten (siehe Kapitel 13 zu Handzetteln). Selbst wenn Sie eine Präsentation online veröffentlichen, können Sie die Rednernotizen mitliefern.

Überlegen Sie, welcher Text auf der Leinwand und welcher in Ihrer Rede oder in den Handzetteln auftauchen sollte. Einige Möglichkeiten zur Überarbeitung finden Sie auf der folgenden Seite.

Unten sehen Sie zwei überarbeitete Beispiele. Und das sind mit Sicherheit nicht die *einzigen* möglichen Bearbeitungen. Wie Sie sehen, habe ich dabei auch einige Entscheidungen hinsichtlich der Gestaltung getroffen, damit die Folien noch deutlicher wirken. Im nächsten Abschnitt befassen wir uns noch genauer mit der Gestaltung der Folien. Erkennen Sie trotzdem schon jetzt die optischen Unterschiede?

Shakespeare der Chaucerianer

- **Chaucer beeinflusste Shakespeare**
- **Shakespeare las Chaucer sehr genau**
- **Die Stücke zeigen tiefes Verständnis und Wertschätzung**

Auf jedes dieser Themen muss der Vortragende näher eingehen. Mit Hilfe des gekürzten Textes kann das Publikum die Marschrichtung besser vorhersehen und ihr leichter folgen.

Eventuell können Sie auch noch auf die Aufzählungszeichen verzichten.

DER MÄCHTIGE APOSTROPH

Ein paar wichtige Anwendungen

Falsch gesetzte Apostrophen sind störend

Dieser Vortragende hat einen häufigen Fehler begangen und seine Einleitung direkt auf die Folie getippt, so dass er sie schließlich davon ablesen muss. Ich habe den ganzen letzten Satz weggelassen. Dieser gehört auf eine ganz neue Folie im Anschluss an die Einleitung.

Bei einer guten Präsentation stehen Sie als Person im Mittelpunkt, nicht die Folien. Ersetzen Sie sich also nicht selbst durch den Folientext; machen Sie sich nicht überflüssig!

Manchmal brauchen Sie den Text

Ich schreibe Ihnen keine Regeln vor wie »Verwenden Sie maximal fünf Stichpunkte« oder »Verwenden Sie höchstens drei Wörter pro Stichpunkt« oder »Verwenden Sie maximal sechs Wörter pro Folie«. Ich bin jedoch eine Verfechterin von **DEUTLICHKEIT**. Manchmal brauchen Sie dafür auch mehr Text. *Wenn Sie für absolute Deutlichkeit mehr Text benötigen, dann verwenden Sie mehr Text.*

Ein gutes Beispiele für die Notwendigkeit ausreichend vieler Wörter bieten Fremdzitate. Zitate sind toll – sie sind prägnant, meist schlau (sonst würden wir sie nicht zitieren) und sie können die Glaubwürdigkeit der von Ihnen angesprochenen Punkte erhöhen. Doch welche Zitate kommen schon mit sechs oder weniger Wörtern aus?

Und wenn Sie sich nicht absolut *sicher* sind, dass jeder der Anwesenden im Publikum über eine hervorragende Sehkraft verfügt (oder überhaupt sehen kann), lesen Sie das Zitat laut vor. Sie tun das vielleicht bereits und fühlen sich deshalb schuldig, weil man doch schließlich seine Folien nicht laut vorlesen sollte. Aber das können Sie vergessen – wie auf Seite 42 erwähnt, handelt es sich hierbei um die Fehlinterpretation einer Richtlinie. Lautes Vorlesen von Zitaten ist im Interesse all jener, die keine gute Sicht auf die Folie haben. Außerdem verstärkt sich die Wirkung der Botschaft, wenn sie sowohl über die Augen als auch über die Ohren aufgenommen wird. Und Sie erzeugen eine Verbindung zwischen *sich selbst* und der schlauen Person, die Sie zitieren. Ihre Aussage wird dadurch deutlicher.

Wenn ich mehr Zeit gehabt hätte, hätte ich einen kürzeren Brief geschrieben.

t.s. eliot

Herr Eliot hatte begriffen, wie schwierig es ist, weniger zu schreiben.

Sicherlich könnte auf der Folie auch Folgendes stehen:

Mehr Zeit = kürzerer Brief

Das wäre dann aber ein Stichpunkt, und uns bliebe der Mensch in seiner Auseinandersetzung mit diesem Gedanken verborgen.

Verwenden Sie mehrere Folien!

Ich weiß nicht genau, warum Vortragende häufig unbedingt alle ihre Stichpunkte auf einer Folie unterbringen möchten. Folien sind gratis. Sechs Folien oder hundert Folien – die Kosten bleiben gleich. Verwenden Sie also ruhig mehr Folien. Auf einer Folie geben Sie vielleicht einen Überblick über die nächsten fünf Punkte, auf die Sie eingehen möchten. Wiederholen Sie dann aber jeden Vertiefungspunkt *auf einer separaten Folie*, so dass Ihr Publikum die Folie lesen und sich nur zu diesem einen wichtigen Punkt Notizen machen kann. Denken Sie daran, dass Sie mit Ihrer Präsentation Informationen deutlich kommunizieren möchten, also präsentieren Sie diese auch deutlich.

Aufgaben zur Verslehre

■ Verwenden Sie für die folgenden Aufgaben die drei Kopien Ihres Shakespeare-Sonetts.

1. Untersuchen Sie Gedicht auf **sein Versmaß** – teilen Sie das Gedicht in Versfüße ein und markieren Sie betonte und unbetonte Silben. Kennzeichnen Sie auch die Variationen.
2. Analysieren Sie das Gedicht auf **Alliterationen** – kennzeichnen Sie gleich klingende Konsonanten.
3. Analysieren Sie das Gedicht auf **Assonanzen** – kennzeichnen Sie gleich klingende Vokale.

Die Folie enthält zu viel und zu dichten Text. Ein Betrachter muss sich Wort für Wort durch die Sätze kämpfen. Währenddessen redet sicherlich auch noch der Sprecher.

Verzichten Sie zuallererst einmal auf Arial/Helvetica. Diese Fonts sind einfach unglaublich langweilig (siehe Seite 183), wenn Sie sie wirklich einsetzen möchten).

Aufgaben zur Verslehre

■ Verwenden Sie für die folgenden Aufgaben die drei Kopien Ihres Shakespeare-Sonetts.

1. Untersuchen Sie Gedicht auf sein **Versmaß** – **teilen Sie das Gedicht in Versfüße ein und markieren Sie betonte und unbetonte Silben. Kennzeichnen Sie auch die Variationen.**
2. Analysieren Sie das Gedicht auf **Alliterationen** – **kennzeichnen Sie gleich klingende Konsonanten.**
3. Analysieren Sie das Gedicht auf **Assonanzen** – **kennzeichnen Sie gleich klingende Vokale.**

Mit der neuen Schrift sieht diese Folie sofort ansprechender aus und die wichtigen Punkte sind blau hervorgehoben. *Sie ist aber immer noch zu voll und zu dicht.*

Verzichten Sie auf alle überflüssigen Wörter. Sie als Kursleiter werden die drei Aufgaben noch eingehend beschreiben. Entfernen Sie daher alle unnötigen Wörter von dieser Folie, damit die Kursteilnehmer sofort erkennen können, welches ihre drei Aufgaben sind.

Aufgaben zur Verslehre

- Verwenden Sie für die folgenden
  Aufgabenstellungen die drei Kopien Ihres
  Shakespeare-Sonetts.
    1. Untersuchen Sie Gedicht auf sein Versmaß
    2. Analysieren Sie das Gedicht auf Alliterationen
    3. Analysieren Sie das Gedicht auf Assonanzen

Deutlichkeit. Ja. Als Kursteilnehmer weiß ich nun genau, was ich notieren muss und worin genau meine Aufgaben bestehen.

1. Das Versmaß untersuchen

- Teilen Sie das Gedicht in Versfüße

- Markieren Sie betonte und
  unbetonte Silben

- Kennzeichen Sie die Variationen

Nun wird jede Aufgabe erklärt. Ich kann klar erkennen, worin die einzelnen Aufgaben bestehen, und kann mir eindeutige Notizen machen. Während der Kursleiter seine Ausführungen fortsetzt und Fragen beantwortet, kann ich mich konzentrieren – ohne gleichzeitig Text auf der Leinwand entschlüsseln zu müssen.

**2. Auf Alliterationen
analysieren**

- Kennzeichnen sie gleich klingende
  Konsonanten an den Wortanfängen

3. Auf Assonanzen analysieren

- Kennzeichnen sie gleich klingende
  Vokale innerhalb der Worte

Verwenden Sie so viele Folien wie nötig

Hier ist noch ein weiteres Beispiel, das in die gleiche Richtung geht. Warum sollten Sie fünf Stichpunkte auf einer Folie unterbringen? Sobald Sie über die ersten Stichpunkte sprechen, werden Ihre Zuhörer versuchen, sie alle aufzuschreiben. Liefern Sie ihnen einen Gedanken nach dem anderen – diesen können sie rasch aufschreiben (oder sich auf ihrem Handzettel Notizen dazu machen), um Ihnen dann ihre ungeteilte Aufmerksamkeit zu widmen. Davon haben alle mehr.

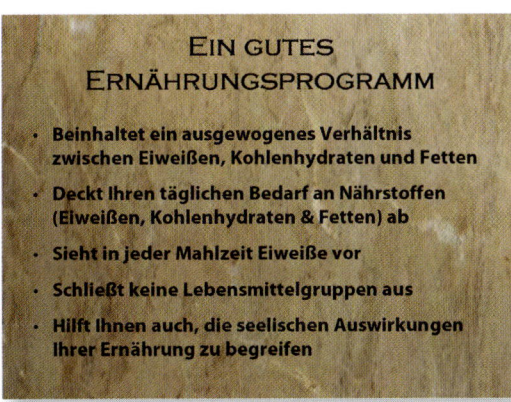

Wenn Sie alle fünf Stichpunkte auf einer Folie zeigen, hat das einerseits zur Folge, dass ein kleiner Schriftgrad gewählt werden muss.

Zudem muss sich Ihr Publikum um vieles gleichzeitig kümmern und kann nicht alle Informationen aufnehmen. Folien sind kostenlos – verwenden Sie eine beliebige Anzahl davon!

Wenn wir mehr Folien verwenden, können wir den Text auf jeder Folie größer setzen, uns auf die einzelnen Punkte konzentrieren und haben mehr Platz für zusätzliche Kontraste zur Verfügung.

Auf diese Einleitungsfolie folgen fünf weitere Folien (siehe nächste Seite).

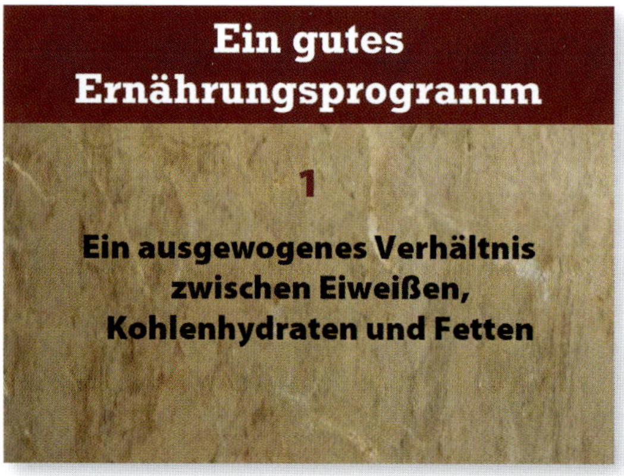

**Ein gutes
Ernährungsprogramm**

1

**Ein ausgewogenes Verhältnis
zwischen Eiweißen,
Kohlenhydraten und Fetten**

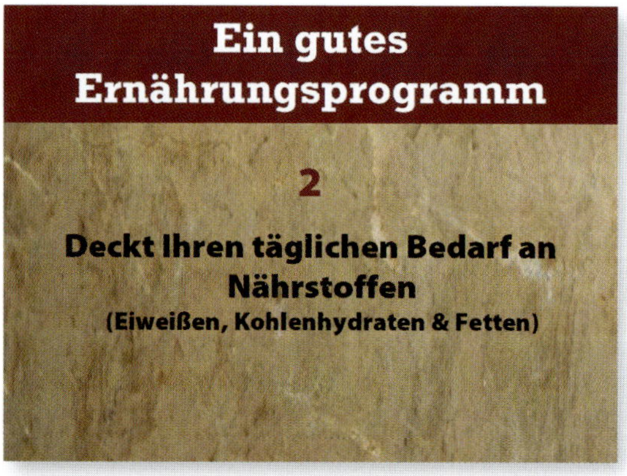

**Ein gutes
Ernährungsprogramm**

2

**Deckt Ihren täglichen Bedarf an
Nährstoffen**
(Eiweißen, Kohlenhydraten & Fetten)

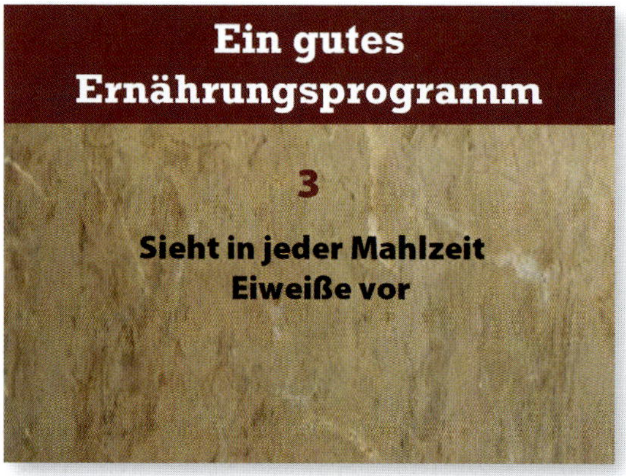

**Ein gutes
Ernährungsprogramm**

3

**Sieht in jeder Mahlzeit
Eiweiße vor**

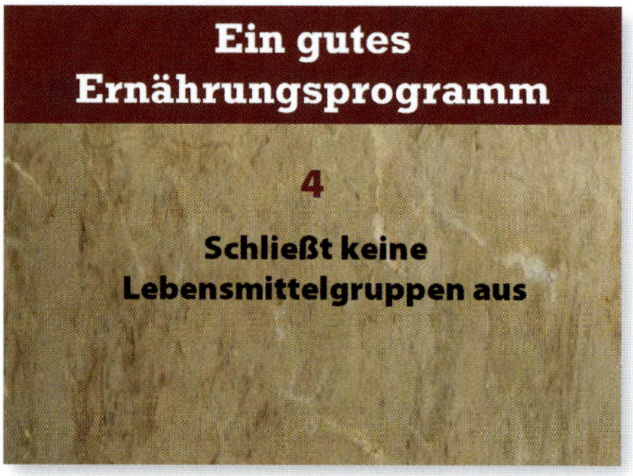

**Ein gutes
Ernährungsprogramm**

4

**Schließt keine
Lebensmittelgruppen aus**

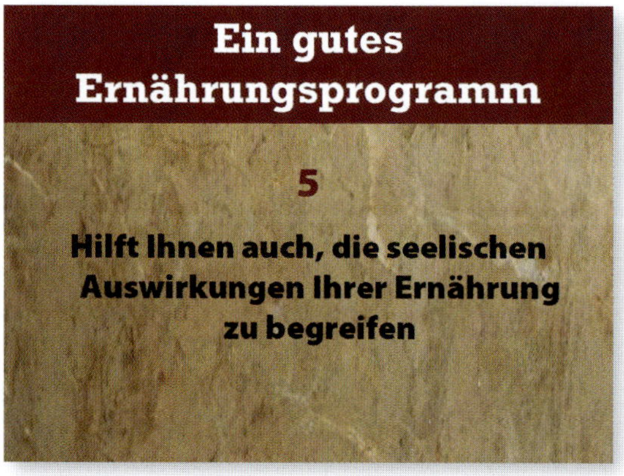

**Ein gutes
Ernährungsprogramm**

5

**Hilft Ihnen auch, die seelischen
Auswirkungen Ihrer Ernährung
zu begreifen**

Der Vortragende geht auf jeden Punkt ein.
Die Zuhörer können daher in aller Ruhe und
Ausführlichkeit ihre Aufzeichnungen machen.

Wie Sie sehen, wurden überhaupt keine
Aufzählungszeichen eingesetzt.

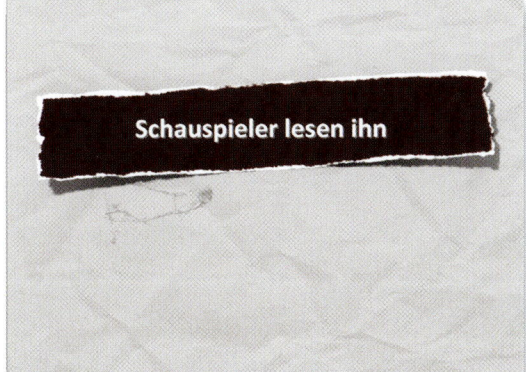

Egal, ob Sie alle Stichpunkte auf einer einzelnen Folie (links) oder jeden auf einer separaten Folie darstellen (unten und Fortsetzung auf der folgenden Seite) – Sie brauchen in beiden Fällen dieselbe Zeit, um darüber zu sprechen. Einzelnen Folien kann Ihr Publikum besser folgen, es kann sie besser erkennen, verstehen und sich Notizen dazu machen. Und sie sind angenehmer zu betrachten.

(Die Vorlage stammt aus Keynote.)

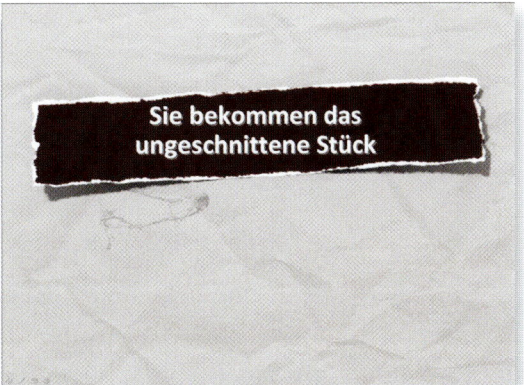

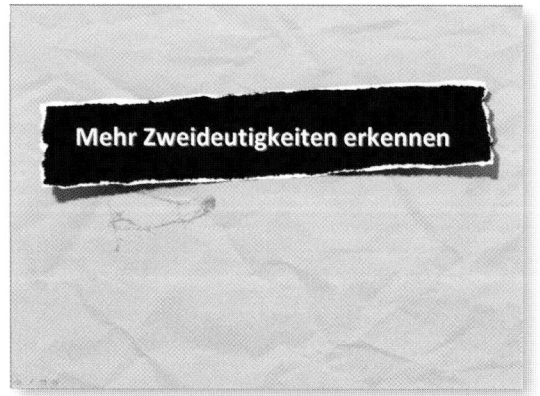

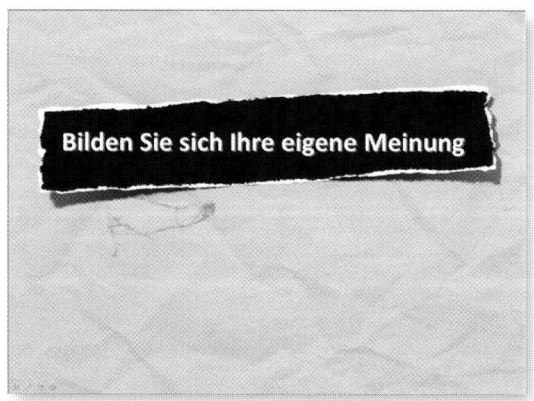

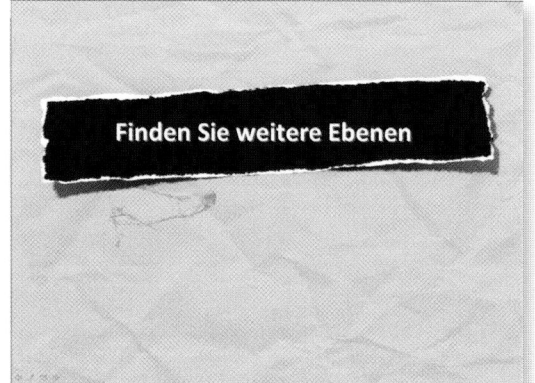

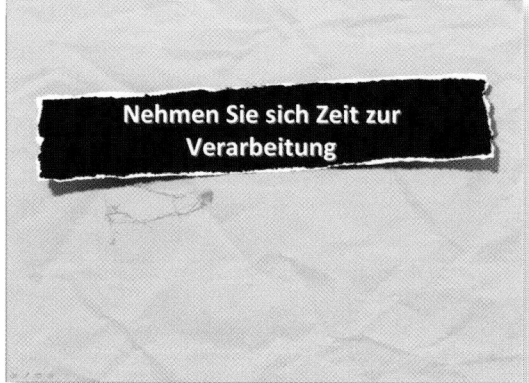

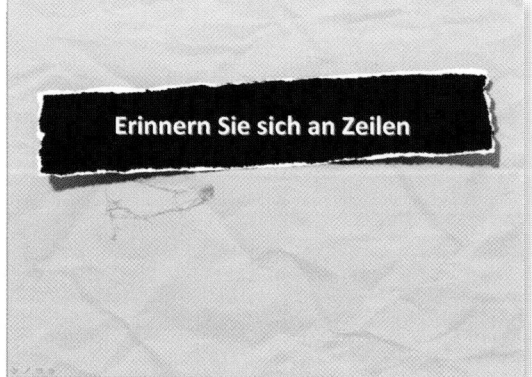

Wie viele Folien pro Präsentation?

Ich weiß, dass einige Präsentationsgurus Regeln dafür aufstellen, wie viele Folien Sie in einer Präsentation verwenden sollten. Sagen wir, Ihre Präsentation besteht aus 46 Folien, ist nett anzusehen und gut gegliedert und sie hat genau die richtige Zeitdauer. Jetzt sagt Ihnen jemand: »Oh nein! Eine gute Präsentation hat höchstens 18 Folien! Das ist eine REGEL!« Sie quetschen dann also Ihre ganzen Informationen auf 18 Folien. Die Präsentation dauert immer noch genauso lang! Jetzt wirkt sie aber optisch überladen und ist schwer verständlich – es mangelt ihr an Deutlichkeit.

Nicht die Anzahl der Folien ist entscheidend. Entscheidend ist Ihre Gliederung und Ihre persönliche Präsentation dieses Materials.

Wenn Sie viele Folien verwenden, sollten Sie auf jeden Fall die Seiten 80–82 zu Übergängen lesen, um Ihrem Publikum den Anschluss bei Ihren Themenwechseln zu erleichtern.

Lesen Sie auch die Seiten 93–95 zu Tempowechseln während Ihrer Präsentation, damit diese nicht monoton wirkt.

Foto: Jim Thomas

Finden Sie diese Folie nicht auch irgendwie seltsam? Darauf wird auf »höchstens vier Wörtern pro Folie« bestanden. Etwas ironisch, oder?

Auch die Aussagekraft des Fotos erschließt sich mir nicht. Es handelt sich wohl um eine »eindrucksvolle Grafik«, aber was hat sie mit dem Thema der Folie zu tun? Ein Teil meiner Aufmerksamkeit will dem Sprecher zuhören, während ein anderer Teil versucht, eine Verbindung zwischen den Wörtern und dem Bild herzustellen. Bringen Sie mich nicht durcheinander!

Verwenden Sie gegebenenfalls auch nur eine Folie!

Wichtig ist, dass ich nicht empfehle, jedes kleine Thema auf eine eigene Folie zu setzen. Natürlich reicht häufig auch eine einzelne Folie für eine Reihe von Stichpunkten aus (selbst wenn Sie keine Aufzählungszeichen verwenden). Im

Diese Themen über Mary Sidneys Kindheit hängen eng miteinander zusammen und jeder Stichpunkt ist in einer Minute abgearbeitet. Daher habe ich alle Punkte auf einer Folie gelassen.

Während ich einen tragischen Abschnitt ihres Lebens bespreche, kommt jeder Stichpunkt einzeln von links ins Bild gefahren. Weil sie so eng miteinander verknüpft sind und ich dem Publikum den ganzen angesammelten Kummer näherbringen möchte, befinden sich alle auf einer Folie.

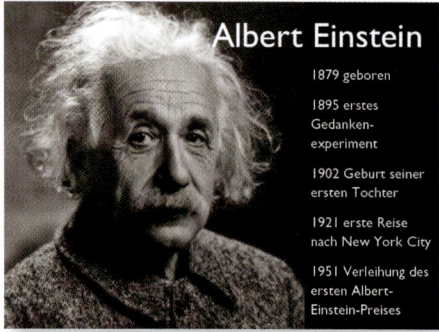

Bilder von commons.WikiMedia.org

Wenn sich alle Punkte Ihrer Rede um dasselbe Thema drehen und Sie auf einzelne Elemente nicht näher eingehen, dann können Sie Ihre Stichpunkte natürlich auf eine Folie setzen; Sie können sie einzeln einblenden, wenn Sie das bevorzugen. Verwenden Sie nur dann zusätzliche Folien, wenn Ihr Vortrag diese Themen eingehender behandelt.

Allgemeinen können Sie eine Gruppe von mehreren Elementen auf einer Folie darstellen, wenn Sie diese kurz durchgehen oder im Zusammenhang besprechen möchten.

Beim Ausarbeiten Ihrer Präsentation bekommen Sie ein Gefühl dafür, ob Sie alle Stichpunkte auf einer Seite belassen oder dafür mehrere Seiten verwenden sollten. Wenn Sie manche Elemente zu Gruppen zusammenfassen und andere im Detail darstellen, variieren Sie auch das Tempo Ihrer Präsentation – manche Folien verschwinden schnell wieder, bei einigen verweilen Sie, andere lösen eine zusätzliche Diskussion aus – das ist wie ein Gespräch unter Freunden.

Manchmal *müssen* Sie viel auf einer Folie unterbringen

Es lässt sich bei Präsentationen manchmal einfach nicht vermeiden, dass Sie auf der Leinwand viel zeigen müssen. Das kann bei einer komplexen Tabelle der Fall sein, bei einem Vergleich von Diagrammen oder bei einer Aufstellung wichtiger Aufgaben. Oder Ihre Präsentation soll eigenständig veröffentlicht werden und Sie müssen aus diesem Grund viel mehr auf den Folien unterbringen, als wenn Sie den Vortrag persönlich halten würden. In diesem Fall ist es *besonders* wichtig, in Text und Darstellung auf Deutlichkeit und klare Gliederung zu achten.

Und vergessen Sie nicht, dass auch in einer innerhalb des Büros oder online veröffentlichten Präsentation noch Raum für Rednernotizen ist.

Wir wollen uns nun eine sehr vollgepackte Folie ansehen und dabei überlegen, wie wir darin für mehr Klarheit sorgen können.

Ich kann mir nicht vorstellen, dass man diese Präsentation halten oder diese Folien veröffentlichen könnte, ohne dazu Handzettel oder Rednernotizen mitzuliefern (das heißt nicht, dass es unmöglich wäre). Sie müssen zugeben, dass niemand im Raum dazu in der Lage wäre, in der Originalfolie die Werte aus den Diagrammen zu lesen oder deren Ergebnisse miteinander zu vergleichen.

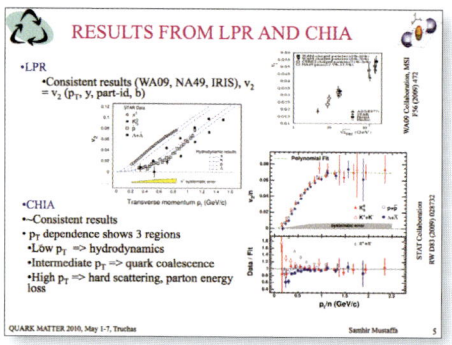 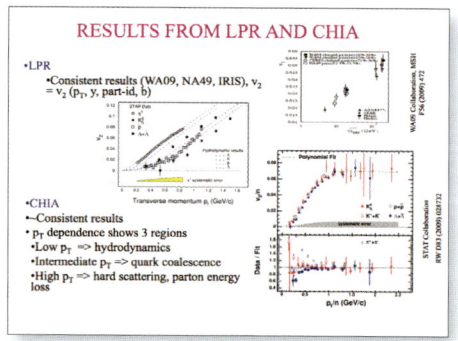

Dies ist die Originalfolie. Betrachten Sie alle Objekte und prüfen Sie, ob sich etwas Unnötiges darunter befindet.

Es wird sicher nicht schaden, die albernen Cliparts aus den oberen Ecken zu entfernen, oder? Und auch auf die Foliennummer unten rechts und sogar auf die Fußzeile können wir verzichten. Diese Informationen finden sich auf der ersten und letzten Folie und im Handzettel.

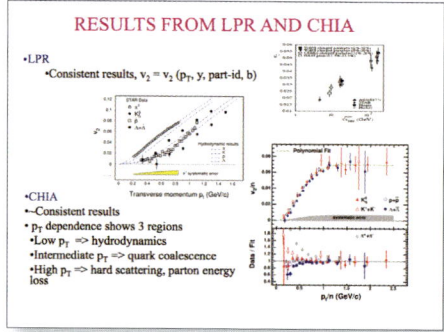

Der Text lässt sich kaum kürzen, also müssen wir hiermit weiterarbeiten (siehe nächste Seite).

Beißen wir also in den sauren Apfel und legen wir die Schaubilder auf einzelne Folien. Wenn Sie die Präsentation persönlich abhalten, ist es kein Problem, zwischen den drei Folien hin- und herzuschalten, um Vergleiche anzustellen. Wenn die Folien gedruckt werden, können die Leser nun endlich erkennen, was sie vor sich haben.

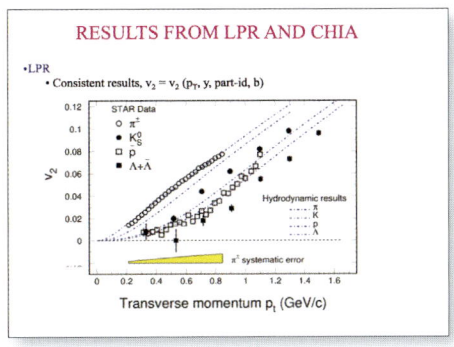

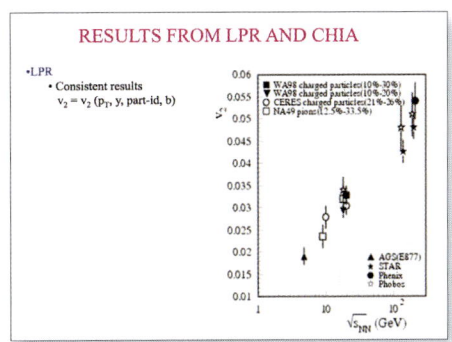

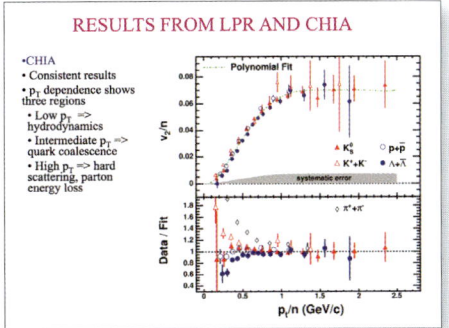

Diese drei Folien müssen immer noch etwas überarbeitet werden (besonders was die Ausrichtung betrifft), aber zumindest lassen sich die Daten nun verwenden. Folien sind kostenlos – zögern Sie nicht, so viele einzusetzen, wie es für die deutliche Präsentation der Informationen notwendig ist.

Befürchten Sie, dass beim Drucken Ihrer Folien mit dem Standardbefehl Ihrer Software zu viele Seiten ausgegeben werden? Dann machen Sie sich an die Arbeit und erstellen Sie selbst einen entsprechenden Handzettel, statt sich dabei auf die Software zu verlassen.

Deutlichkeit in der Gestaltung

Ich bin der festen Überzeugung, dass das optische *Aussehen* des Materials hinsichtlich der **Deutlichkeit** ebenso wichtig ist wie dessen *Inhalt*. Im nächsten Abschnitt (nicht im nächsten Kapitel) bespreche ich, wie Sie Ihre Folien deutlich gestalten können. Das können Sie jedoch erst dann, wenn die Informationen selbst deutlich und prägnant sind.

Relevanz

Alle Elemente auf Ihrer Folie sollten für das Thema dieser Folie *und* für Ihr Publikum **relevant** sein. Das gilt nicht nur für den Text, sondern auch für die Grafiken und Hintergründe.

Denken Sie daran, dass Sie mit Ihrer Präsentation einen Sachverhalt klar kommunizieren möchten. Je mehr unwichtige Elemente Ihre Folien enthalten, desto mehr lenken diese von Ihrem Vortrag ab und desto schwieriger wird es für die Teilnehmer, die einzelnen Bestandteile gedanklich zu einem zusammenhängenden Ganzen zu kombinieren, während sie Ihnen dabei auch noch zuhören.

Denken Sie auch daran, dass für ein bestimmtes Publikum relevante Dinge für ein anderes vielleicht unwichtig sind. Möchte das gesetzte, ältere Publikum wirklich die lauten und frechen Videoclips sehen, die aus der Präsentation für ein junges und wildes Publikum stammen?

Je mehr Zeit und Mühe Sie für Ihre Hausaufgaben aufwenden, desto deutlicher und relevanter entwickeln sich die Informationen – Sie können schlecht nur eine einzige Präsentation für sechs unterschiedliche Zielgruppen erstellen. Sie können aber eine Grundpräsentation ausarbeiten, die alles Erwähnenswerte zu Ihrem Thema enthält. Dann erstellen Sie sechs Dateikopien dieser Grundpräsentation und **passen jede Kopie an eine bestimmte Zielgruppe an.** Ihre spürbare Einfühlsamkeit und Vorausschau wird das Publikum beeindrucken.

Verzichten Sie auf alles Überflüssige

Sie brauchen nicht allerlei Kleinkram auf Ihrer Folie, der den Blick auf Ihre Informationen verstellt. Packen Sie kein überflüssiges Beiwerk in die Ecken – diese dürfen gerne auch leer bleiben! Je mehr nutzlosen Firlefanz Sie auf die Leinwand packen, desto mehr stören Sie den Blick auf das Wesentliche. Und wenn der Blick auf das Wesentliche gestört ist, verliert auch Ihr Publikum den Faden.

Das gilt auch für das Logo auf jeder Seite

Ich weiß, dass manche Vortragende der festen Überzeugung sind, dass wirklich jede einzelne Folie zumindest ein Firmenlogo enthalten sollte, vielleicht auch zwei Logos oder ein Logo und eine Fußzeile oder ein Logo und einen Firmennamen und eine Fußzeile. Sie pferchen für eine Stunde Menschen in einem Raum zusammen und zwingen sie, auf die Leinwand zu starren – warum ihnen also nicht Ihre Marke ins Gehirn einbrennen?

Geht es darum, dass die Teilnehmer nicht vergessen, wer Sie sind? Hm. Werden sich die Zuhörer sich nicht viel eher an Sie erinnern, wenn – erstens – Ihre Präsentation toll ist und – zweitens – die Handzettel, *die sie mit in ihr Büro nehmen*, hervorragend und nützlich sind und schön aussehen, so dass sie nicht weggeworfen, sondern aufgehoben werden? Das Firmenlogo gehört *auf Ihren nützlichen Handzettel* und nicht auf die kurzlebige Folie.

Nach ein paar Folien ist dieses Logo nur noch unnötiger Ballast und die Zuschauer blenden es mental aus.

Setzen Sie mit Ihren Farben, Ihrer Typografie, Ihrem unnachahmlichen Stil, Ihren wichtigen Informationen, Ihrem nützlichen Handzettel ein Zeichen. Nicht mit einem Logo auf jeder Seite.

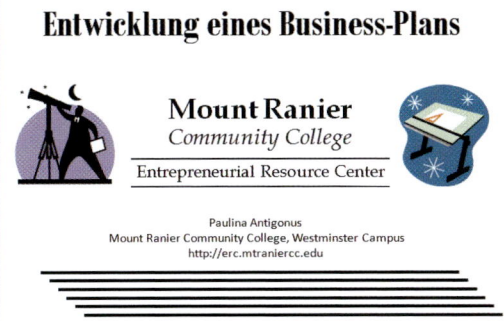

Hm, auf dieser Folie verwirren mich die Astronomieabbildung und der funkelnde Zeichentisch. Lieber verwenden Sie wirklich gar keine als irrelevante Grafiken, die die Aufmerksamkeit der Betrachter in die falsche Richtung lenken. Und bitte füllen Sie die Leerräume nicht mit irgendwelchen Objekten wie etwa Linien. Sie dürfen ruhig Leerräume lassen. *Sie dürfen es.*

Achten Sie beim Betrachten dieser Folie auf Ihre Augenbewegungen. Wie oft bewegen sich Ihre Augen hin und her, um auch wirklich alles zu erkennen?

Wie lange dauert es, bis Sie sich als Betrachter sicher sein können, alle Informationen auf dieser Folie aufgenommen zu haben? Stellen Sie sich vor, alle diese Informationen zu verarbeiten, während dabei noch jemand über anisotrope Flussmessungen spricht.

Eine Schaufel? Muss ich das Fundament selbst ausheben? Gibt es einen vergrabenen Schatz? Sind Sie Totengräber? Ertappen Sie sich nicht auch dabei, eine Verbindung zwischen der Schaufel und den Informationen herstellen zu wollen?

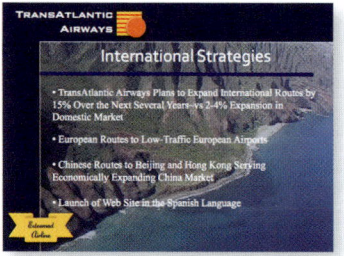 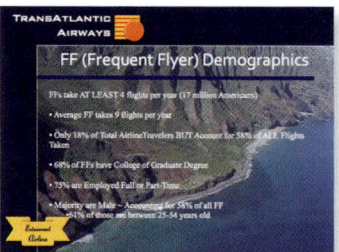 

Auf jeder Folie ein Logo. Nein, zwei Logos auf jeder Folie. Dazu kommen das unnötige Hintergrundbild, die platzraubenden blauen Kanten und die waagerechte Linie. Wenn wir alles *Irrelevante* entfernen, dann können wir vielleicht die Schrift vielleicht so vergrößern, dass sie lesbar wird. Wenn diese Folien persönlich vorgetragen werden, ist die »References«-Seite eine totale Zeitverschwendung; wenn diese Informationen wichtig sind, packen Sie sie in den Handzettel.

 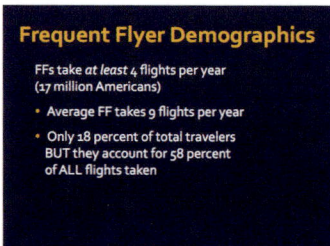 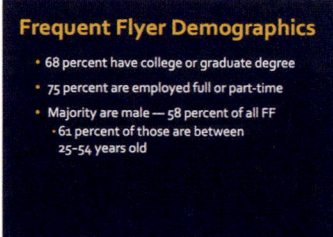

Mir persönlich ist für eine Live-Präsentation immer noch zu viel Text auf den Folien und die Statistiken könnten etwas interessanter dargestellt werden (vielleicht mit Bildern von echten Menschen). Wenigstens haben wir uns aber der unnötigen Elemente entledigt und damit einen guten Ausgangspunkt für unsere Arbeit geschaffen. Nachdem Sie Kapitel 9 zur Ausrichtung und Kapitel 10 zur Wiederholung gelesen haben, sollten Sie zu dieser Seite zurückblättern und auf die Unterschiede der Folien achten.

Hintergründe

Der von Ihrer Präsentation vermittelte optische Eindruck hängt zu einem großen Teil vom Hintergrund ab; also wählen Sie ihn mit Bedacht. Wenn Sie keine zu Ihrem Material passende Vorlage finden, dann bietet Ihre Software zahlreiche Grafikwerkzeuge zur Erstellung Ihres eigenen Hintergrunds an. Sie können auch ein paar Euro für Bilder von einer Agentur wie iStockfoto.com ausgeben.

Ausgehend von den schlechten Folien, die ich schon gesehen habe, sind zwei wichtige Dinge zu beachten:

Wählen Sie einen Hintergrund, der Ihren Vortrag *ergänzt*, der in seinem Zusammenhang *relevant* ist, nicht einen Hintergrund, der Ihrem Vortrag *widerspricht* oder ihn *durcheinander* wirft.

Arbeiten Sie mit dem Hintergrund – platzieren Sie nicht einfach wahllos irgendwelche Elemente darauf.

Hm, eine Präsentation über den Kauf eines Eigenheims mit der hohen See als Hintergrund. Mein Gehirn wird während des gesamten Vortrags versuchen, eine Verbindung zwischen dem Meer und einem Altbau in der Innenstadt herzustellen.

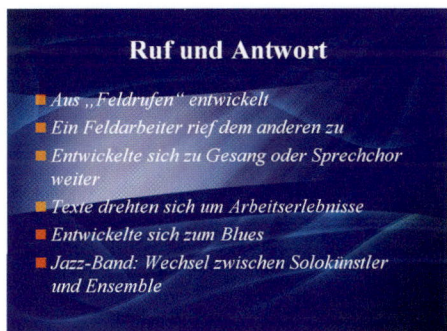 

Die folgende Regel sollten Sie sich merken: *Wenn etwas schwer lesbar wirkt, dann ist es auch schwer lesbar.* Dieses Beispiel ist sogar auf dem Computermonitor schlecht zu erkennen. Überlegen Sie sich also bitte, um wie viel schwieriger es auf einer Leinwand in einem großen Raum lesbar sein wird. Dieser irrelevante Hintergrund verschlechtert lediglich die Lesbarkeit des Textes und trägt nicht zur Verdeutlichung des Inhalts bei.

Im oberen Teil der folgenden Abbildung sehen Sie die originale Eröffnungsfolie, die der Vortragende erstellt hat. Darunter habe ich ein schönes Hintergrundbild verwendet, das ich für zwei Euro bei iStockfoto.com gekauft habe. Außerdem habe ich in eine interessante und passende Schrift (Apocrypha von FontShop.de) investiert und damit die Standardschrift Arial ersetzt. Sie können erkennen, wie dramatisch der Unterschied ist, und Sie können sich den Unterschied in der unmittelbaren Wahrnehmung des Publikums vorstellen.

Natürlich hat das allgegenwärtige Problem der unpassenden Hintergründe eine Ursache: Microsoft (und viele Drittanbieter) bieten kostenlose PowerPoint-Vorlagen an, die genau diese Richtlinie missachten. Viele Anwender glauben deshalb, es sei in Ordnung, eine Menge kümmerlichen Textes auf einem überladenen Hintergrund zu platzieren.

Einführung in die Renaissance

Im nächsten Abschnitt werden Sie sehen, dass ich in gestalterischer Hinsicht lediglich den Kontrast des Textes erhöht habe – den Kontrast der Schriftgrößen und den Farbkontrast.

Setzen Sie ruhig Ihren Namen auf die Einführungsfolie – Ihr Publikum *möchte* wissen, wer Sie sind.

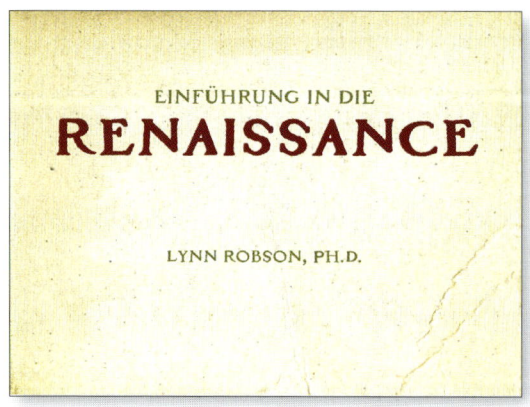

Sehen Sie sich zum Beispiel diese kostenlose Vorlage an:

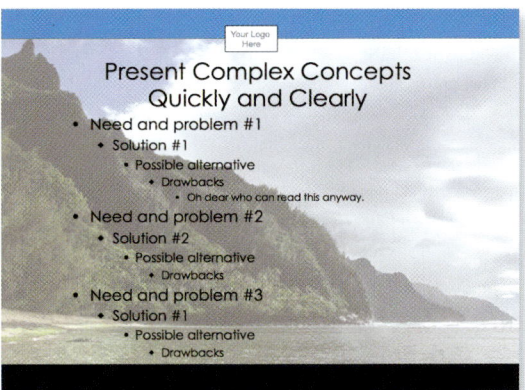

Der Text liegt direkt über dem ablenkenden (und irrelevanten) Hintergrund; Sie wiegen sich in Sicherheit, denn schließlich stammt die Vorlage ja von Microsoft. Dies ist ein Trugschluss. Diese Folienvorlage bietet Ihnen auch fünf Ebenen von Stichpunkten – als könnte irgendjemand der im Raum Anwesenden über die zweite hinaus lesen! Nicht einmal **Sie** können über den zweiten Stichpunkt hinaus etwas erkennen. Verwenden Sie Ihren gesunden Menschenverstand. Microsoft ist nicht der Gott der Präsentationsgestaltung.

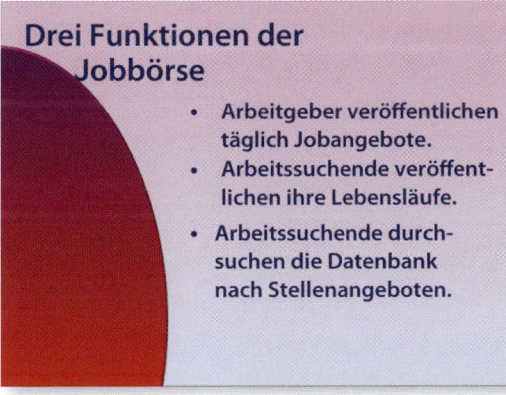

Mir ist klar, dass es für frisch gebackene Gestalter schwierig ist, Leerräume auf der Folie zu belassen. Sie müssen dies aber erlernen. Diese wahllose Form dient scheinbar dazu, Leerraum auszufüllen. Sie ist aber vollkommen unerheblich und derart willkürlich, dass der Ersteller der Folien sich nicht entscheiden kann, wie er sie mit dem Text verbinden soll. Im nächsten Abschnitt gebe ich Ihnen einige Richtlinien zur Platzierung von Text und Bildern. Fürs Erste einmal entledigen Sie sich unerheblicher Hintergründe und Grafiken.

Aber die Vorlagen *werden* besser. Wenn Sie noch eine alte Version von PowerPoint verwenden, dann wäre eine Aktualisierung gut. Sie erhalten dann außer der Anwendung auch neue Vorlagen und können weitere von der Microsoft-Website herunterladen. Behalten Sie bei der Auswahl der Vorlagen das Anliegen Ihrer Präsentation im Hinterkopf; wählen Sie eine Vorlage, die Ihre Botschaft unterstreicht.

Je komplexer die Informationen, desto schlichter der Hintergrund

Manchmal lässt es sich nicht vermeiden, viele Daten auf einer Folie unterzubringen. Halten Sie sich dabei an eine einfache Regel: Je mehr Text, Tabellen, Diagramme oder Bilder Sie auf die Folie packen *müssen*, desto simpler *muss* der Hintergrund sein.

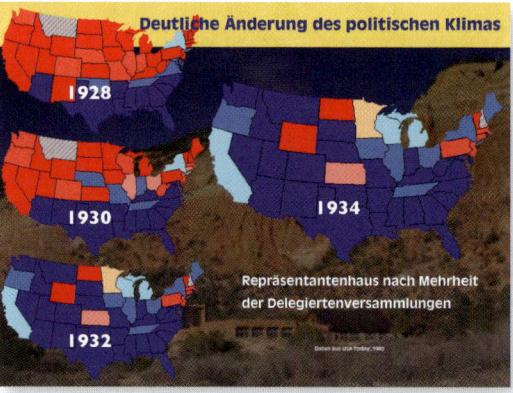

Die irrelevanten, unnötigen Elemente auf dieser Folie (links) sind schnell ausfindig gemacht. Gewöhnen Sie sich an, die einzelnen Elemente wirklich *wahrzunehmen*. Dann können Sie entscheiden, was entfernt werden sollte und was bleiben kann.

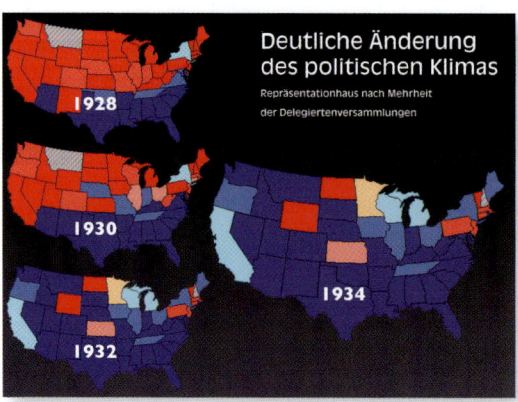

Nicht jede Folie aus Ihrer Präsentation muss unbedingt genau denselben Hintergrund verwenden (in Kapitel 8 wird dieses Thema genauer behandelt). Wenn Sie also ein schönes Thema verwenden, das Ihre Folien gut miteinander verbindet, können Sie im Zweifelsfall nicht benötigte Teile daraus entfernen, wenn sich sehr viele Daten auf einer Folie befinden.

Wann ist ein unruhiger Hintergrund gerechtfertigt?

Ein unruhiger, komplexer Hintergrund kann völlig in Ordnung sein, wenn die Daten auf der Folie so groß, deutlich und gut verständlich sind – und wenn dieser Hintergrund passend ist. Auf den Seiten 147–150 finden Sie einige Beispiele für den Einsatz lebhafter Hintergründe. Sie sehen, dass der Text immer noch lesbar ist! Wie kommt das? Fassen Sie es in Worte – je häufiger Sie sich klarmachen, was funktioniert und was nicht, und dies auch ausformulieren können, desto leichter werden Sie ganz automatisch bessere Folien erstellen.

Verzichten Sie auf alberne Cliparts

Verwenden Sie auf keinen Fall alberne Cliparts. Das gilt besonders für animierte, alberne Cliparts – selbst wenn diese mit Ihrer Software mitgeliefert werden. Heutzutage verwendet man keine wahllosen Cliparts mehr. Lösen Sie sich davon. Es gibt viele tolle Quellen kostenloser oder preiswerter professioneller Illustrationen und Fotos (siehe Seite 196) oder lassen Sie Ihre Informationen mit attraktiver Textgestaltung für sich selbst sprechen.

Glauben Sie es nicht, wenn jemand behauptet, Sie *müssten* auf jeder Folie eine Grafik bringen. Das ist Unsinn. Und alberne Cliparts auf jeder Folie verringern lediglich die Qualität Ihrer Präsentation.

Das wichtigste Element auf Ihrer Seite ist der Text. Bilder können ausgezeichnet sein und einen großen Beitrag zur Gefühlswirkung leisten. Warum aber alberne Bilder einfügen, wenn sie die Gefühlswirkung steigern sollen? Verdeutlichen sie den Inhalt? Sind sie relevant? Wohl kaum. Wahrscheinlich eher im Gegenteil. Achten Sie also genau darauf, welche Bilder Sie der Seite hinzufügen – stellen Sie sicher, dass sie den Text *verbessern* und *unterstützen*.

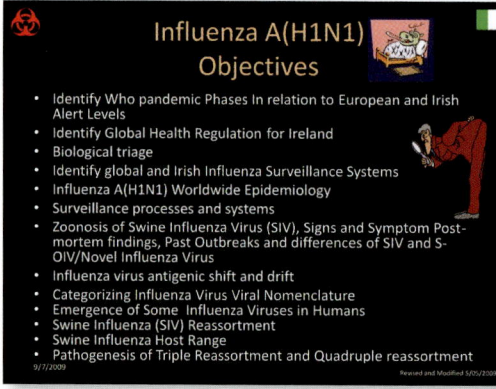

Ich bin immer wieder erstaunt, wie viele Präsentationsfolien nach wie vor willkürlich ausgewählte und alberne Cliparts enthalten. Das gilt besonders für Folien, die ohnehin bereits überladen sind.

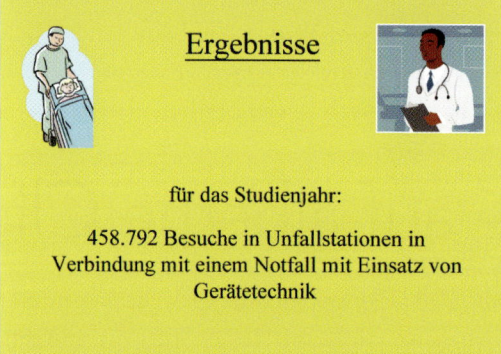

Es ist Zeit, sich davon zu lösen. Die Entwicklung ist fortgeschritten und diese Art von Grafik wird heutzutage nicht mehr verwendet. Sie dürfen den Anschluss nicht verlieren. Es ist wirklich besser, überhaupt keine Grafik zu verwenden, als irrelevante Cliparts aus dem letzten Jahrhundert.

Vielleicht hält Ihre Klavierkonzert-gruppe zufällig ihr jährliches Lunch ab und Sie haben in der kleinen PowerPoint-Sammlung genau das Richtige gefunden. OK.

Gute Webseiten für Schulen

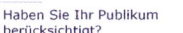

* Präsentation von Schulseiten
* Häufige Probleme
* Gute Ansätze für Layout und Design
* Schlechtes Layout und Design
* Ideen für Ihre Seite
* Wie Sie den Webmaster „meistern"

Häufige Probleme

* Haben Sie Ihr Publikum berücksichtigt?
* Wie eindeutig sind die Navigationswege?
* Wann wurde die Seite zuletzt aktualisiert?
* Welche Elemente stören?
* Wie unterstützt die Kommune die Seite?

Ideen für Ihre Seite

* Platz für Ihre Elternvertretung oder Link auf deren Seite
* Schülerbeiträge (mit Genehmigung)
* Nachrichten und Wetter
* Kreativecke
* Lokalnachrichten
* Was haben wir vergessen??

Gute Ansätze für Layout und Design

* Planen Sie Ihre Schul-Website
* Denken Sie dabei an schlechte Computer und Verbindungen
* Bieten Sie möglichst eine Grafik- und eine Textversion an
* Verwenden Sie möglichst wenige Grafiken
* Visieren Sie eine durchschnittliche Monitoraufösung an

Schlechtes Layout und Design

* Denken Sie an die folgenden Störfaktoren:
    * Blinken, Animationen
    * Schlecht eingesetzte Frames
    * Baustellenzeichen
    * Zu viel Scrolling
    * JavaScript-Ticker in der Browser-Statuszeile
    * Mangelnde Ausgewogenheit

Wie Sie den Webmaster „meistern"

* Seite konsequent durchstrukturieren
* Ein Flussdiagramm der Seite auf Papier erstellen
* Rechte für Up- und Download festlegen
* Wer verwaltet die FTP-Zugänge?
* Wer prüft die Inhalte?

Die eigenwilligen Cliparts auf diesen Folien sind irrelevant und tragen nicht zur Verdeutlichung des Inhalts bei. Sie verstärken den optischen Eindruck, aber nicht im positiven Sinne.

Gute Webseiten für Schulen

* Präsentation von Schulseiten
* Häufige Probleme
* Gute Ansätze für Layout und Design
* Schlechtes Layout und Design
* Ideen für Ihre Seite
* Wie Sie den Webmaster „meistern"

Häufige Probleme

* Haben Sie Ihr Publikum berücksichtigt?
* Wie eindeutig sind die Navigationswege?
* Wann wurde die Seite zuletzt aktualisiert?
* Welche Elemente stören?
* Wie unterstützt die Kommune die Seite?

Ideen für Ihre Seite

* Platz für die Elternvertretung oder Link auf deren Seite
* Schülerbeiträge (mit Genehmigung)
* Nachrichten und Wetter
* Kreativecke
* Lokalnachrichten
* Was haben wir vergessen??

Gute Ansätze für Layout und Design

* Planen Sie Ihre Schul-Website
* Denken Sie dabei an schlechte Computer und Verbindungen
* Bieten Sie möglichst eine Grafik- und eine Textversion an
* Verwenden Sie möglichst wenige Grafiken
* Visieren Sie eine durchschnittliche Monitoraufösung an

Schlechtes Layout und Design

* Denken Sie an die folgenden Störfaktoren:
    * Blinken, Animationen
    * Schlecht eingesetzte Frames
    * Baustellenzeichen
    * Zu viel Scrolling
    * JavaScript-Ticker in der Browser-Statuszeile
    * Mangelnde Ausgewogenheit

Wie Sie den Webmaster „meistern"

* Seite konsequent durchstrukturieren
* Ein Flussdiagramm der Seite auf Papier erstellen
* Rechte für Up- und Download festlegen
* Wer verwaltet die FTP-Zugänge?
* Wer prüft die Inhalte?

Es ist wirklich ***kein Problem***, die Cliparts wegzulassen! Der optische Eindruck dieser Folien ist auch ohne störende kleine Bildchen stark genug. Ohne die Cliparts können Sie die Überschriften fetter machen. Denken Sie auch darüber nach, die Aufzählungszeichen zu verkleinern. Betonen Sie alles Wichtige; nehmen Sie alles andere zurück.

Bedenken Sie, dass alles in der Präsentation und um die Präsentation herum auf Sie zurückfällt und die Wahrnehmung und Wertschätzung Ihrer dargebotenen Inhalte beeinflusst. Wenn ein Bild mehr als tausend Worte sagt, dann überlegen Sie einmal, was Sie alles erzählen müssen, um ein albernes Clipart-Bild wieder wettzumachen.

Verwenden Sie *passende* Fotos

In der Präsentationsgestaltung zeichnet sich ein Trend zu Vollbildgrafiken auf jeder Folie ab. Und die Grafik muss »eindrucksvoll« sein. Ich habe verschiedene Präsentationen gesehen, bei denen der Vortragende diese Richtlinie beherzigt hatte. Die eindrucksvollen Grafiken hatten aber nichts mit dem Thema zu tun!

Ein Problem mit sachfremden Grafiken besteht darin, dass unsere Wahrnehmung sehr visuell geprägt ist. Das umwerfend tolle oder provokative Foto zieht uns also stark in seinen Bann. Unsere Denkprozesse sind jedoch auch sehr praktisch angelegt – also versucht das Gehirn sofort, das Foto in Zusammenhang mit dem Thema der Präsentation zu bringen. Wenn es gar keinen Zusammenhang gibt, wenn das Foto zwar fantastisch, aber völlig willkürlich ist, dann hat unser Gehirn eine Menge zu tun. Derweil halten Sie Ihren Vortrag und ich verpasse die Hälfte davon, weil ich mit der rechten Gehirnhälfte wie gebannt auf Ihr fantastisches Foto starre und gleichzeitig versuche, mit der linken Gehirnhälfte das Thema Ihres Vortrags aufzunehmen.

Wenn Sie eindrucksvolle Fotos als Gestaltungsgrundlage verwenden möchten, dann müssen Sie diese über die ganze Präsentation hinweg einsetzen. Es bringt nichts, ein oder zwei tolle Fotos einzusetzen und dann ein Dutzend Stichpunkte auf den dazwischenliegenden Folien zu zeigen – Sie müssen das Gestaltungskonzept konsequent auf die gesamte Präsentation anwenden oder es bleiben lassen.

Eine Möglichkeit ist die Verwendung eines schlagkräftigen (und passenden) Fotos zur Einleitung der einzelnen Themen. Sie stimmen das Publikum mit diesem atemberaubenden Bild auf das Thema ein und fahren dann mit Ihren wunderschön gestalteten Textfolien fort. Oder Sie verwenden, wie auf Seite 119 dargestellt, einen Ausschnitt dieses Fotos auf den nachfolgenden Folien als wiederkehrendes Element. Egal, wofür Sie sich entscheiden, achten Sie auf Relevanz.

Ein Problem bei der Erstellung einer kompletten Präsentation mit schlagkräftigen Fotos ist, dass die Auswahl der optimalen Bilder für alle Folien sehr schwierig und zeitraubend sein kann. Sie können die Bilder zwar preiswert bei iStockphoto. com erhalten, aber es bleibt zeitaufwändig.

Videos und Animationen

Das gilt auch für in Ihrer Präsentation enthaltene Videoclips. (Im nachfolgenden Kapitel erfahren Sie etwas über in PowerPoint oder Keynote erstellte Animationen und Übergänge). Glauben Sie bitte nicht, ich möchte irgendein wahlloses YouTube-Video als Lückenfüller oder zur bloßen Unterhaltung sehen – ich opfere wertvolle Zeit, um Ihre Präsentation zu besuchen und bestimmte Informationen zu erhalten. Setzen Sie ruhig Videos ein! Aber bitte achten Sie darauf, dass diese meine Zeit wert sind. Auch hier sollten Sie in Worte fassen können, warum dieser bestimmte Clip für Ihre Präsentation von Bedeutung ist. Wenn Ihnen das gelingt, dann verwenden Sie ihn!

5 Animation

Mit **Animation** sind natürlich alle bewegten Inhalte auf einer Folie gemeint. Mit **Übergang** wird die Animation bezeichnet, die beim Wechsel von einer zur nächsten Folie in Erscheinung treten kann.

Ich weiß, dass manche Präsentationsgurus animierte Folien zu den größten Sünden auf Erden zählen. Aber das ändert nichts daran, dass wir *gerne* etwas Bewegung haben. Es *gefällt* uns, alles mit ein wenig Bewegung aufzupeppen. Wir *mögen* tolle Übergänge.

Und bestimmte Animationen und Übergänge können bei maßvollem Einsatz zur Verdeutlichung und Verbesserung einer Präsentation beitragen. *Das ist der Schlüssel – maßvolle und themenrelevante Verwendung.* Es gibt bestimmt Millionen von Präsentationen, die den Augen wehtun, weil jedes einzelne Wort über Eck eingeflogen kommt, sich an seinen Platz schlängelt oder langsam eingeblendet wird. Wieder und wieder und wieder und wieder.

Das Problem mit Animationen und Übergängen ist nicht eigentlich ihre Existenz, sondern dass sie häufig falsch eingesetzt werden. In diesem Kapitel werden wir uns also mit Möglichkeiten befassen, wie wir diese dynamischen Bestandteile richtig einsetzen können, so dass sie die Kommunikation nicht behindern, sondern tatsächlich verbessern.

Animation erzeugt Aufmerksamkeit

Merken Sie sich ein wichtiges Prinzip: **Animationen ziehen die Aufmerksamkeit auf sich.** Verzichten Sie also darauf, wenn sie ungerechtfertigt die Aufmerksamkeit auf ein Element ziehen würden, etwa auf ein albernes Clipart. Lassen Sie nicht jedes

Ich habe einen Vortrag vor einer Mac-Usergruppe gehalten, die mehr über meine Person wissen wollte. Ich verwendete eine Vorlage aus Apple Keynote und fügte Fotos von meinen Kindern ein, als diese noch klein waren und als ich gerade mit dem Schreiben von Computerbüchern begonnen hatte. Von dieser Folie fertigte ich drei Kopien an. In der zweiten Folie ersetzte ich das Babyfoto von Scarlett durch ein aktuelles Foto von ihr und ihrem Freund. Dazu verwendete ich die Übergangsart »Auflösen«, so dass sich auf dieser Folie nur ihr Gesicht und der Text zu ändern schien. Die Auflösung konzentrierte sich dabei auf Scarlett. In der dritten Folie ersetzte ich Jimmys Gesicht und in der vierten Folie das von Ryan.

Bei diesen Übergängen stand immer das jeweilige Gesicht im Vordergrund.

bisschen Text hereinfliegen. Verzichten Sie auf die Schreibmaschinenanimation, damit ich nicht zusehen muss, wie jeder einzelne Stichpunkt langsam auf die Leinwand getippt wird. Bitte. *Verwenden Sie eine Animation oder einen Übergang, um die Aufmerksamkeit auf ein bestimmtes Element zu lenken.*

Ein Problem bei dieser Abfolge bestand darin, dass der Text auf den jeweiligen Folien nicht auffiel – wenn es ein menschliches Gesicht zu sehen gibt, dann betrachten wir dieses. Ich fügte eine nette kleine Textanimation hinzu. Nachdem ich also einige Sekunden über dieses Kind geredet hatte, erschien die Webadresse mit einer kleinen Animation und **machte auf sich aufmerksam**. In angemessener Weise.

Während meine Kinder aufwuchsen, lebten auch zahlreiche Hunde in unserem Haus, die gemeinsam mit meinen Kindern in meinen Büchern erschienen. Also zeigte ich ein Bild von den Hunden.

Diese Hunde leben nun schon alle nicht mehr, aber ich habe noch ein Foto von unseren beiden heutigen Hunden hinzugefügt. Nach ein paar Sekunden mit den alten Hunden bringt eine nette kleine Animation die beiden neuen Hunde in den Vordergrund. Nichts Aufdringliches – die Aufmerksamkeit des Publikums wird einfach nur auf etwas anderes gelenkt. Und die von mir gewählte Animation **verstärkte die Botschaft**, dass diese Hunde in unser Leben getreten waren.

Übergänge und Animationen als Beiwerk

In einem Vortrag über unterschiedliche Motive in *Macbeth* verwendete ich auf jeder Folie Übergänge und Animationen. Diese wurden sorgfältig so gestaltet, dass sie die Informationen ergänzten, statt von ihnen abzulenken. Auf dieser und den folgenden Seiten sehen Sie einige Folien aus dieser Präsentation.

Dies ist ein Keynote-Thema namens Barcelona, das ich auf KeyNotePro.com gekauft habe. Mit den verschiedenen Würfelübergängen von Keynote konnte ich die rote Fläche immer über die Würfelkante hinweg in die nächste rote Fläche übergehen lassen, so dass die Übergänge vorhersehbar (weniger ablenkend), aber trotzdem interessant waren.

 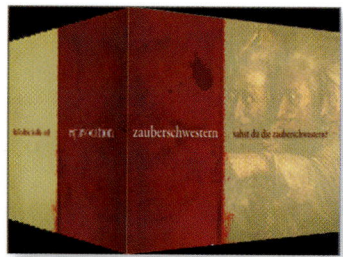 

Die Anwesenden hatten Handzettel zur Verfügung, auf denen alle von uns besprochenen Textzeilen abgedruckt waren. Die Folienpräsentation diente lediglich zur Einleitung der einzelnen Abschnitte.

Während ich (neben der Leinwand stehend) meinen Vortrag halte, erscheint langsam ein gruseliges, zum Thema passendes Bild auf der fast leeren Seite.

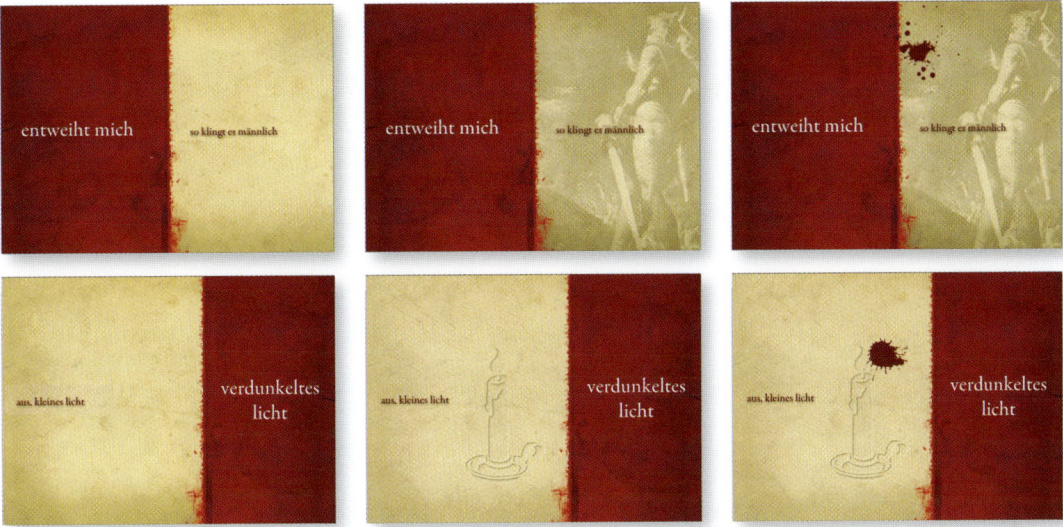

Ab und zu erscheint ein Blutspritzer auf einer Folie, entweder schnell, als würde er auf die Folie treffen, oder langsam eingeblendet.

Während ich rede, steigt langsam der Kopf eines Enthaupteten auf.

Während wir über den Pförtner reden, der den Schneider einlässt, damit dieser seine Gans kocht, schiebt sich eine antike Bügelgans (ein Bügeleisen) auf die Leinwand, hält für eine Sekunde an und gleitet aus der Szene.

Während es darum geht, dass bestimmte Dinge häufig in dreifacher Anzahl auftauchen, kringelt sich von der Seite die Ziffer 3 herein und wird nach kurzer Zeit mit Blutspritzern überzogen.

Auch meine »Danke«-Folie wird mit Blut bespritzt. Blut ist ein wichtiges Motiv in *Macbeth*. Um dieses Bild zu verstärken, erscheint in dieser Präsentation ziemlich häufig Blut.

Die Blutspritzer stammen aus dem Zusatzmaterial des Barcelona-Themas. Eigentlich handelt es sich um Tintenspritzer, aber sie waren auch ziemlich gut als Blut geeignet.

Schaffen Sie deutliche Übergänge zwischen wichtigen Themen

Folienübergänge können als **optische Hinweise** auf Übergänge zwischen wichtigen Themen besonders wichtig sein. Ich verwende normalerweise zwischen den meisten Folien die Übergangsart »Auflösen«, weil mir ihre unaufdringliche Wirkung gefällt. Wenn ich jedoch zu einem anderen Themenbereich wechseln möchte, verwende ich einen Übergang, der dem Publikum klar vermittelt, was vor sich geht.

Nach zwei oder drei Einleitungsfolien arbeite ich zum Beispiel oft mit einem dramatischen Übergang wie »Türen« aus Keynote (siehe nächste Seite), um in den Hauptteil der Präsentation zu wechseln. Das Publikum bemerkt dadurch, dass es nun zur Sache geht. Wenn ich einen dramatischen Übergang auf diese Weise verwende, wähle ich denselben Übergang auch für die Schnittstellen zwischen anderen *Hauptthemen* (nicht zwischen allen Folien). Das Publikum versteht dann, worum es geht; ich verwende also nicht jede mögliche Spielerei des Programms.

Diese Folie wird zu einem Türdurchgang, der den Blick auf den Hauptteil der Präsentation freigibt.

Sie können sich sicherlich vorstellen, wie aufdringlich es wäre, wenn jede Folie solch einen dramatischen Übergang erhielte.

Verwenden Sie Übergänge als Orientierungshilfe für Ihr Publikum

Verwenden Sie *passende*, aber weniger dramatische Übergänge, um Ihr Publikum durch die Präsentation zu leiten. Mit bewussten, wohl überlegten Übergängen können Sie Ihr Publikum darauf hinweisen, ob Sie beim selben Thema bleiben, ob Sie die Themen mit einer Überleitung oder einer scharfen Kehre wechseln.

Diese (auf einer Keynote-Vorlage aufbauenden) Folien bilden einen Abschnitt über die Geschichte Shakespeares in Amerika. Während des gesamten Abschnitts werden die Folien unaufdringlich ineinander überblendet; für das Publikum gibt es keine Unterbrechung des Vortragsflusses. Bis …

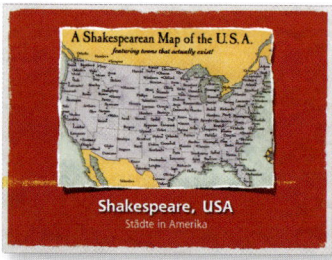

… die »Sweet-Swan-Lane«-Folie von *links* herein-gefahren kommt und die »Shakespeare, New Mexico«-Folie aus dem Weg schiebt. Nach ein paar Sekunden der Erklärung zu »Sweet Swan Lane« schiebt sich eine Kopie von »Shakespeare, New Mexico« von *rechts* ins Bild und drückt dabei »Sweet Swan Lane« aus dem Weg und zurück an die ursprüngliche Position.

Optisch wird somit deutlich, dass »Sweet Swan Lane« nur eine kurze Unterbrechung darstellt und wir sofort zur Hauptpräsentation zurückgekehrt sind. Das Publikum muss sich keine Gedanken darum machen, ob wir nun einen ganz neuen Gedankengang verfolgen würden.

Verwenden Sie Animationen zur Illustration und Verdeutlichung

Wenn eine Animation einen Gedanken verdeutlichen kann, dann setzen Sie sie auf jeden Fall ein. In dem unten gezeigten Beispiel wollte ich die zehn Kilometer lange Strecke darstellen, die jemand im Jahr 1600 genommen haben könnte, um von Pembroke Castle in Wales nach Milford Haven zu gelangen. Ich hätte den Weg leicht erklären können, aber es ist viel einprägsamer, ihn in Aktion zu sehen.

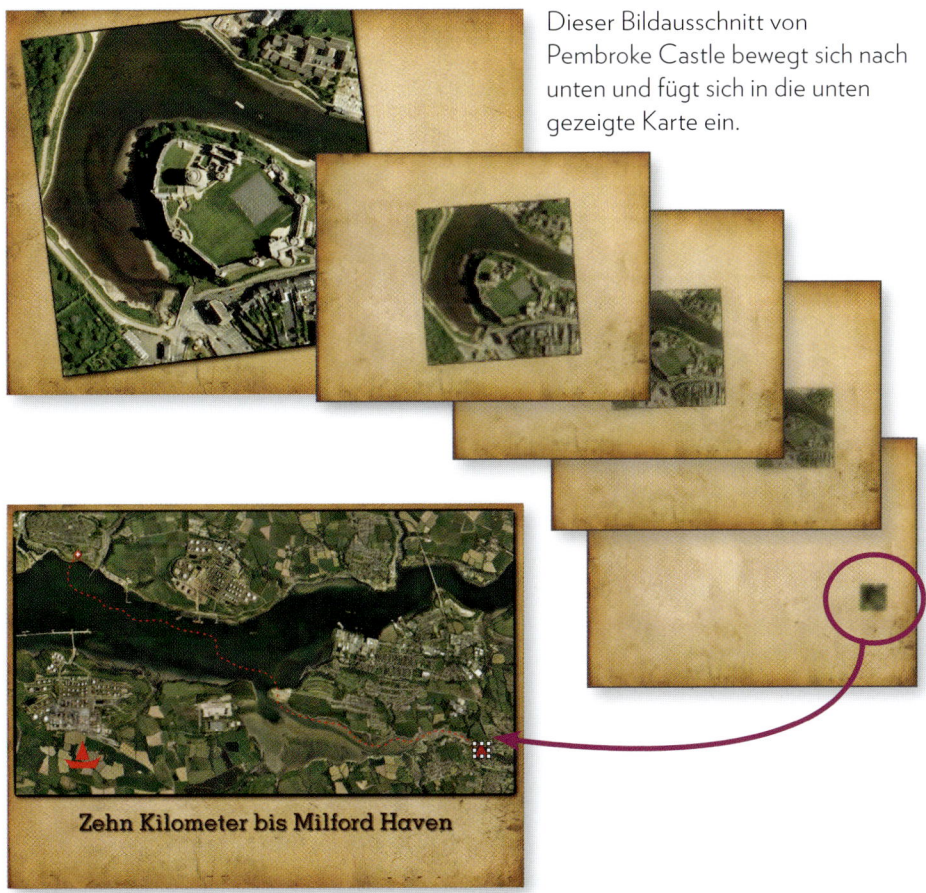

Dieser Bildausschnitt von Pembroke Castle bewegt sich nach unten und fügt sich in die unten gezeigte Karte ein.

Zehn Kilometer bis Milford Haven

Mit dem Magic Move-Übergang von Keynote konnte ich einen stärker vergrößerten Kartenausschnitt verwenden und ihn dem Zusammenhang entsprechend in der größeren Karte platzieren. Dann brachte ich über die Aktionen-Palette ein kleines Boot ins Spiel, das die zehn Kilometer nach Milford Haven auf dem Wasser zurücklegte. Dazu gehört auch die gepunktete rote Linie, die Sie oben sehen können. (Sie ist beim Abspielen der Animation nicht sichtbar). Dies war eine zum Thema gehörende Information, die meine Ausführungen im Vortrag *verdeutlichte und veranschaulichte*.

Verdeutlichen Sie Schaubilder durch Animationen

Manchmal profitiert ein Diagramm oder ein Schaubild von einer kleinen Animation, die die Aufmerksamkeit auf ein bestimmtes Element lenkt. Nehmen wir etwa an, Sie möchten den schnellen Wertzuwachs einer bestimmten Aktie innerhalb eines bestimmten Zeitraums hervorheben. Dazu eignet sich ein Balkendiagramm, in dem die Balken die einzelnen Aktien darstellen. Sie können dann den Balken der besagten Aktie animieren, um zu zeigen, wie er über die anderen Balken hinauswächst. In einem Kreisdiagramm wiederum könnte sich jedes Tortenstück aus dem Kreis herausbewegen, während Sie darüber sprechen.

Bedenken Sie, dass Sie durch Animationen etwas *verdeutlichen* und *berechtigte* Aufmerksamkeit erwecken. Deshalb sollten Sie nicht einfach wahllos irgendwelche Elemente herumzappeln lassen.

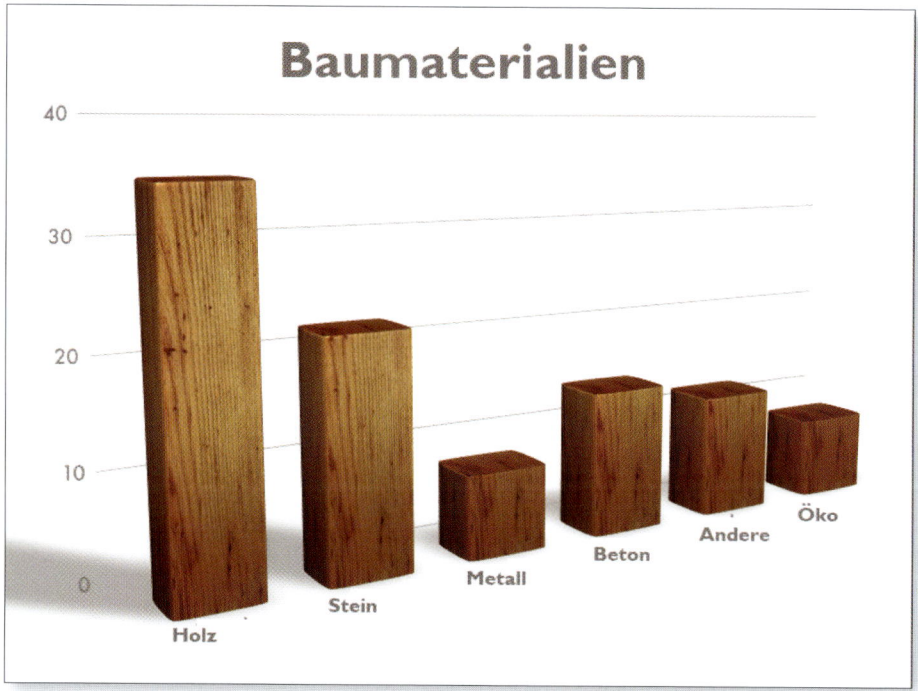

Auf dieser Folie wachsen die einzelnen Balken auf Mausklick jeweils langsam an. So können Sie über die wichtigen Aspekte der einzelnen Baumaterialien sprechen, ehe Sie alle zusammen als Ganzes besprechen.

Animation: die Fakten

In Hinblick auf Übergänge und Animationen sollten Sie zwei wichtige Dinge bedenken.

Erstens: Bewegung lenkt Aufmerksamkeit auf sich. Verwenden Sie Animationen nur dann, wenn Sie die Aufmerksamkeit auf etwas Bestimmtes lenken möchten.

Wenn Sie sich für oder gegen Animation auf einer Folie entscheiden, nehmen Sie sich eine Minute Zeit, um die *Gründe* für Ihre Entscheidung in Worte zu fassen. Wenn Sie keinen guten Grund ausformulieren können, lassen Sie es sein.

Trägt das alberne, Purzelbäume schlagende Clipart-Männchen etwa zur Verdeutlichung eines von Ihnen angesprochenen Punkts bei? Nein? Dann weg damit. Aber verdeutlicht eine immer größer werdende Menschenmenge einen Sachverhalt zum Thema Bevölkerungswachstum? Dann bleiben Sie auf jeden Fall dabei und haben Sie Ihren Spaß damit!

Zweitens: Es kann auch zu viel werden, zu viele Animationen und zu viele und zu ausgefallene Übergänge. Richtig – wenn Sie sich hier einschränken, wird Ihr Publikum niemals all die erstaunlichen Übergänge sehen, die Ihre Software zu bieten hat. Was für ein Jammer. Aber sie werden es überleben. Vielleicht werden sie sich sogar bei Ihnen dafür bedanken.

Die Macht von Animationen und Übergängen besteht darin, dass sie die Aufmerksamkeit des Publikums auf sich ziehen. Als Vortragender möchten Sie in der Regel einen Großteil der Aufmerksamkeit auf sich selbst lenken, also vermeiden Sie eine Konkurrenzsituation. Sprechen Sie nicht, wenn es Bewegung auf der Folie gibt. Lassen Sie dem Publikum für ein oder zwei Sekunden den Spaß, ehe Sie wieder zur Sache kommen.

6 Handlung

Die Handlung einer Präsentation ist ihr inhaltlicher Ablauf. Eine gute Handlung besteht aus Einleitung, Hauptteil und Schluss. Als Publikum erhalten wir gerne eine angemessene Einführung in die Präsentation – wir wollen nicht gleich direkt in den Hauptteil springen. Wir möchten gerne erfahren, wohin die Reise geht und was wir zu erwarten haben. Wir möchten auf einem interessanten Weg und nicht entlang einer eintönigen und langweiligen Straße reisen. Wir wünschen uns Höhen und Tiefen, Gefahren und Ruhepausen; unser Interesse soll geweckt werden. Und wenn wir zum Ende gelangen, dann möchten wir wissen, dass es so weit ist.

In einem guten Film erfahren wir innerhalb der ersten fünf Minuten (oft auch in kürzerer Zeit), was wir zu erwarten haben; wir wissen, ob es sich um einen Thriller, eine Liebeskomödie, einen Film Noir, einen Dokumentar-, Action-, Abenteuer- oder Science-Fiction-Film handelt. Das ist wichtig für uns, weil wir uns geistig darauf einstellen, was uns noch erwartet.

Und wenn sich der Film oder die Präsentation dem Ende zuneigen, dann müssen wir auch dies wissen. Bestimmt haben auch Sie schon Filme gesehen, die zwei- oder dreimal aufgehört haben – Sie glauben, der Zombie sei tot und begraben und die Filmfiguren in Sicherheit, aber dann – ach – steigt er wieder aus der Erde auf. Und dann noch einmal. Das nervt wirklich.

Zur Handlung gehört auch die eigentliche Geschichte, die Verbindung zu unserer menschlichen Seite. Suchen Sie beim Ausarbeiten Ihres Vortrags nach Möglichkeiten, emotionale Verbindung zu Ihrem Publikum aufzubauen. Das können Sie mit Ihren Folien, Ihrer Art zu sprechen und mit der Handlung selbst erreichen.

Machen Sie einen Anfang

Ist Ihnen schon einmal aufgefallen, dass ein gedrucktes Buch (oft) einen Schmutztitel hat, eine Impressumsseite, einen Titel, eine Seite mit einer Widmung, eine Einleitung, eventuell ein Vorwort und manchmal sogar noch weitere Seiten, bevor der eigentliche Buchinhalt beginnt? Dabei geht es nicht nur um rechtliche Hinweise – das ist das Vorspiel vor der Lektüre. Wir lieben das.

Bei einem Film ist es genauso – selbst wenn der Film schon vor dem Vorspann oder zeitgleich mit diesem beginnt, dienen die ersten paar Minuten als Einleitungszeit, als Vorbereitung, ehe wir direkt in den Film einsteigen. So sollten Sie auch Ihre Präsentation betrachten.

Ich habe schon zu viele Folienpräsentationen gesehen, bei denen die erste Folie direkt in das Thema springt. Stellen Sie sich einmal vor, Sie öffnen ein Buch und die erste Seite beginnt direkt mit Kapitel eins. Gar zu häufig hat der Vortragende seine einleitenden Notizen auf der ersten Folie untergebracht und liest sie vor.

Mit dieser ersten Folie springen wir direkt in die Präsentation. Denken Sie daran: Zusätzliche Folien kosten keinen Cent mehr. Geben Sie mir eine Einleitung, führen Sie mich langsam ein.

Eine der Folien in dieser Keynote-Vorlage sieht einen Platz für eine Grafik vor. Zeigen Sie dort also ein Beispiel für ein Tagebuch. Erklären Sie mir dann Folie für Folie die einzelnen Schritte.

Stellen Sie sich Ihre Präsentation als Geschichte vor – auch wenn Sie eine Geschichte von der Erstellung eines Geschäftsplans erzählen oder von einer Scheidung in Freundschaft oder von der Lektüre Chaucers. Teilen Sie Ihre emotionale Sphäre in ausreichendem Maß mit den Menschen im Publikum. Sie haben viel bessere Chancen, diese mitzureißen, wenn Sie die entsprechenden Voraussetzungen geschaffen haben und wenn die Teilnehmer wissen, wohin die Reise geht.

Sagen Sie uns, wo es langgeht

Nachdem Sie mich in den Grundgedanken Ihres Vortrags eingeführt haben, nehmen Sie sich eine Minute Zeit, um mir den weiteren Verlauf der Präsentation zu beschreiben. Egal, ob es sich um ein kommerzielles Angebot, eine Lehrstunde, einen historischen Moment oder einen Unternehmensüberblick handelt, teilen Sie mir mit, wohin Sie mich führen möchten, und geben Sie mir auch eine Ahnung davon, wie lange es dauern wird. Sie können den Unterschied an Ihrer eigenen Reaktion spüren, wenn ich Ihnen erzähle, dass ich fünfzehn Minuten oder dass ich zwei Stunden benötigen werde. Ich werde Ihnen wahrscheinlich eher über zwei Stunden hinweg folgen, wenn ich von Anfang an weiß, was ich zu erwarten habe. Ich bin dazu sogar noch eher bereit, wenn Sie mir einen kurzen Überblick geben, was ich in dieser Zeit alles erfahren werde.

Bevor wir direkt zu Punkt 1 kommen, hätte ich gerne einen Gesamtüberblick. Dann weiß ich, was mich erwartet, wie lange der Vorgang dauern wird, ob ich mich dabei schmutzig machen muss, was ich am Ende davon haben werde.

Texte und Bilder

Nicht für alle Präsentationen sind Bilder notwendig – viele funktionieren einwandfrei mit einfachem Text, besonders wenn dieser schön gestaltet ist. Manche Präsentationen funktionieren auch sehr gut nur mit Bildern, die den Vortrag begleiten.

Meistens verwenden wir jedoch eine Kombination aus Texten und Bildern. Deren Zusammenwirken lässt sich unter anderem folgendermaßen betrachten: Der Text auf den Folien entspricht den *Fakten*; die gezeigten Bilder der *Gefühlswirkung*. Sie können mir die Statistiken zur Zahl der in einem bestimmten Teil Afrikas Mikrokredite beanspruchenden Frauen *erläutern*, während Sie mir eine Frau in Magnambougou mit ihrer Ziegenherde und ihren Kindern *zeigen*.

Denken Sie bei der Auswahl der Bilder für Ihre Präsentation an den Unterschied zwischen **Fakten und Gefühlen**; kombinieren Sie beide mit Bedacht.

Suchen Sie die Menschen in der Handlung

Wann immer möglich, versuchen Sie, in Ihrer Präsentation die menschliche Seite Ihrer Themen darzustellen. Bei Tabellen und Schaubildern, die etwas mit Menschen zu tun haben, ist dies nicht besonders schwierig; komplizierter wird es, wenn Sie einen Kurs in NMR-Spektroskopie unterrichten. *Zwingen* Sie also keine Emotionen in ein Thema, in dem sie nichts zu suchen haben oder wo sie den Sachverhalt möglicherweise nur verkomplizieren würden. Wenn es jedoch passt, sollten Sie das ausnutzen.

Haben Sie zum Beispiel Statistiken darüber, wie viele Kinder in Korea einen Kindergarten besuchen? Statt nur die trockenen Fakten zu zeigen, suchen Sie ein Bild von koreanischen Kindern. Dann können wir Teilnehmer die Statistiken mit menschlichen Wesen in Verbindung bringen. Beziehen Sie möglichst die *Gefühlswirkung* eines zu diesen *Fakten* passenden Bilds mit ein. Verwenden Sie aber keine wahllosen, nutzlosen oder verwirrenden Bilder, nur um irgendeine Gefühlswirkung zu erzielen.

Suchen Sie die Menschen im Publikum

Ihre Sprechweise bzw. Ihr Vortragsstil kann die Teilnehmer in Ihre Präsentation integrieren oder sie in Schlaf versetzen. Sie müssen mit Ihrem Publikum sprechen. Sehen Sie die Menschen an. Achten Sie in ihren Gesichtern auf Zeichen von Langeweile, Erkenntnis oder Verwirrung und reagieren Sie entsprechend.

In einem Shakespeare-Stück ist es zumeist der Bösewicht, der einen direkt an das Publikum gerichteten Monolog hält. Interessanterweise schließen wir durch diese Technik die Bösewichte auf eine seltsame Weise ins Herz – Richard III, Edmund, Jago. Falstaff und Hamlet sind zwar keine Bösewichte; aber sie halten mehr Monologe als alle anderen Figuren und sie gehören zu den meistgeliebten Charakteren überhaupt. Shakespeare war klar, dass wir (das Publikum) durch die direkt an uns gerichtete Rede eine Beziehung mit dem Sprecher aufbauen werden. Ob der Sprecher ein fetter, feiger Realist oder ein skrupelloser Mörder ist – wir gehen eine Beziehung ein und die Charaktere reißen uns mit. Wir möchten ihnen überall hin und in ihrer Entwicklung folgen.

Denken Sie an die Erzählungen, mit denen Sie aufwuchsen. Hat Ihnen Ihre Großmutter eine Geschichte erzählt, ohne Sie jemals mit einzubeziehen, ohne Sie jemals anzusehen, ohne jemals mit Ihnen zu staunen? Natürlich nicht. Wenn Sie Ihr Publikum mit einbeziehen, haben Sie bessere Chancen, es auf Ihre Seite zu ziehen.

Das ist dann unabhängig davon, ob Sie über die Kunst des Abnehmens, über die Veränderung der Welt durch mit regenerativer Energie betriebene Autos oder über die quantitative Analyse in der molekularen Biophysik sprechen. Sehen Sie Ihr Publikum an, sprechen Sie mit ihm, hören Sie ihm zu – von Mensch zu Mensch – und es wird ihnen folgen.

Erzählen Sie *relevante* Geschichten

Es wird viel davon geredet, eine Präsentation als »Geschichte« aufzubauen. Manche Leute bringt dieser Gedanke ein wenig durcheinander. Sie glauben, dass sie die gesamte Präsentation als Geschichte oder Aneinanderreihung persönlicher Anekdoten abhalten müssen.

Ich habe mir ein Präsentationsbuch gekauft, in dem die Geschichte zweier Höhlenmenschen erzählt wird – ein Beispiel, wie man den Gedanken des »Geschichtenerzählens« auf die Spitze treiben kann. Um die wesentlichen Informationen zu erfassen, quälte ich mich durch albernes Gerede über Höhlenmenschen, die Präsentationen erstellen. »Ach Robin«, sagen Sie nun, »genießen Sie es, leben Sie im Jetzt.« Ich persönlich würde lieber auf den für mich interessanten Punkt kommen und die wertvolle Zeit nutzen, um mich mit meinen Kindern zu unterhalten, Mosaike zu kreieren und durch die Wüste zu wandern. Und dann zurück an die Arbeit zu gehen.

Natürlich können wahre Anekdoten über das Leben von Menschen oder Tieren oder über Sie selbst zur Verdeutlichung eines Sachverhalts beitragen – manchmal. Manchmal sind sie nichts als überflüssige Worte; und das ist störend. Wir haben es hier offensichtlich mit einer Gratwanderung zu tun.

Sehr viele Präsentationen können durch einen Blick auf die menschlichen Seite eines Themas profitieren. *Aber nicht jede Präsentation braucht eine Geschichte.* Guy Kawasaki (GuyKawasaki.com) nennt eine 10-20-30-Regel für Unternehmer, die sich Risikokapitalanlegern empfehlen möchten: 10 Folien. 20 Minuten, Schriftgröße 30 pt. Er will einen sachlichen Vortrag.

Wenn die Geschichte, die Sie erzählen möchten, perfekt zum Thema passt, *wenn* sie die Präsentation nach vorne bringt, *wenn* sie eine wichtige Lektion und für Ihr Thema elementare Lektion des Lebens enthält und *wenn* sie irgendwie faszinierend ist, dann lassen Sie sich nicht aufhalten und erzählen Sie sie mir ruhig. Aber passen Sie auf, dass die Präsentation am Ende nicht von *Ihnen* handelt. Ich habe schon Vortragende erlebt, die in einer 60-minütigen Präsentation ständig ihre persönlichen Geschichten eingeflochten haben. Am Ende waren dann die meisten Zuhörer der Meinung: »Es geht ihm nur um sich selbst.«

Ich möchte hier natürlich nicht die wichtige Rolle von Erzählungen in Frage stellen. Mir ist klar, dass Geschichten für die menschliche Rasse lebenswichtig sind. Als Prodigy in den ersten beiden Jahren nach der Neueinführung von Internetanschlüssen eine Studie über das Nutzerverhalten durchgeführt hatten, waren sie davon überrascht, dass eine überwältigende Mehrheit der Menschen das Medium nicht zur Abwicklung von Geschäften oder für die Recherche nutzten. Stattdessen unterhielten sie sich miteinander, hörten sich gegenseitig zu, bauten Beziehungen auf oder erzählten sich Geschichten.

Ich möchte Sie nur bitten, lange und gründlich darüber nachzudenken, ob Ihre persönlichen Geschichten von Ihrem Thema handeln oder von *Ihnen selbst*. Lenken Sie nicht durch *irrelevante* persönliche Geschichten vom Kern Ihrer Präsentation ab.

Variieren Sie das Tempo

Denken Sie an Ihren Lieblingsfilm und daran, wie sich darin das Tempo verändert: Manchmal gibt es einen schnellen Ansturm eines spannenden Ereignisses, dann eine erholsame Pause, dann schließt sich ein etwas weniger aufregender Teil an, der die Handlung aber dennoch weiter nach vorne bringt, dann ein faszinierender, langsamer Moment, dann ein schnellere Gangart, auf die erneut eine romantische Pause folgt. Wenn Sie die Handlung Ihrer Präsentation planen, können Sie einiges vom Film lernen.

Wenn Sie Ihre Präsentation in einer einheitlichen Geschwindigkeit abhalten, egal ob schnell und stürmisch oder langsam und bedächtig, dann wird sie unweigerlich monoton. Überlegen Sie sich, an welcher Stelle Sie in dreißig Sekunden durch ein halbes Dutzend Folien preschen können, bei welcher Folie Sie innehalten und vier Minuten über Ihr Thema sprechen, an welcher Stelle Sie in zwei Minuten drei Folien zeigen und erläutern können, wo Sie eine Folie fünf Minuten lang zeigen und eine kleine Diskussion mit dem Publikum beginnen können und so weiter. Variieren Sie Ihren Tonfall, laufen Sie umher, bewegen Sie Ihre Arme, zeigen Sie mit Ihren Fingern, sprechen Sie mit Autorität und Leidenschaft. Denken Sie daran, dass *Sie* ein Mensch sind und kein Anhängsel Ihrer Folien.

Ich möchte wetten, dass Ihre Präsentation schon von sich aus Tempovariationen mitbringt – Sie müssen sich dieser nur bewusst werden und damit arbeiten. Scheuen Sie sich nicht, einige Folien sehr schnell zu zeigen, im Extremfall nur für eine halbe Sekunde. In einem der von mir besuchten Drehbuchkurse zeigte der Kursleiter einen sechsminütigen Videoclip, der nur aus Standbildern aus mehreren hundert Filmen bestand, die unterschiedlich lang zu sehen waren. Manche Ausschnitte waren nur für eine *Viertelsekunde* sichtbar. Erstaunlicherweise erkannten unsere gefühlsgesteuerten Gehirne die Bilder *sofort* – wir wussten, wer das war und um welchen Film es sich handelte. Unsere Gehirne konnten die Erkenntnis jedoch nicht schnell genug in *Worte* umsetzen. Es war ziemlich anstrengend, nicht nur, weil unsere Spatzenhirne weiter nach den Namen suchten und diese ausspucken wollten, sondern auch, weil jedes Bild den gesamten Film mit all seiner Leidenschaft, seinem Hass, mit all der Angst und Spannung, all der Dramatik und Liebe und all dem Witz heraufbeschwor. Bilder sind ja so mächtig.

Teile Ihrer Präsentation können Sie also mit Hilfe erklärender Bilder schnell durchlaufen – unser Gehirn erfasst die Bilder schnell genug. Bremsen Sie für andere Abschnitte wieder herunter. Selbst Worte (klein geschrieben, keine reinen Großbuchstaben) werden sofort vom Gehirn aufgenommen. Experimentieren Sie also mit ein oder zwei Wörtern auf Folien, die Sie schnell weiterschalten. Sie werden viele Möglichkeiten entdecken, das Tempo zu variieren – Sie müssen sich nur das Grundprinzip verdeutlichen und damit arbeiten.

Nehmen Sie als Beispiel den nachfolgend abgebildeten Teil eines Vortrags, den ich vor Grafikdesignausbildern und -schülern hielt. Es ging dabei um den gestalterischen Trend zu handgefertigten Elementen. Ich bezog mich dabei auf meinen eigenen Weg, Objekte wieder von Hand zu erstellen, und beschrieb, wie solche Dinge, für die man sich interessiert, wieder zu neuen Ideen in den eigenen Grafikdesignprojekten führen können. Die ersten sechs Folien in diesem Abschnitt dauerten ungefähr fünfzehn Sekunden, dann blieben wir bei den nächsten beiden Folien, um Möglichkeiten zu besprechen, Bilder und Texte aus alten Büchern in Grafikdesignprojekte einzubeziehen. (Die Vorlage stammt aus Keynote.)

Miniaturbücher

Shakespeare-Miniaturbücher

schäbige Shakespeare-Miniaturbücher

»Vor einigen Jahren bin ich der Miniature Book Society beigetreten und begann, Miniaturbücher zu sammeln ...

insbesondere Shakespeare-Miniaturbücher ...

... ganz besonders richtig schäbige Shakespeare-Miniaturbücher ...

Handgebundene Bücher

weil ich mir auch selbst die Buchbindekunst beibrachte, um die 65 Briefe aus Europa nach Hause zu Büchern zu binden ...

.., die ich mit Anfang Zwanzig meinen Kindern geschrieben hatte ...

Seiten aus alten Büchern

Seiten aus alten Büchern

... und so kam ich dazu, alte, kaputte Bücher zu sammeln, deren Seiten sich in vielerlei Weise in Grafikdesignprojekten verwenden lassen.

Finden Sie ein Ende

Teilen Sie dem Publikum mit, wenn Ihre Präsentation zu Ende ist – machen Sie es nicht erst durch betretenes Schweigen im Raum darauf aufmerksam. Nicht nur eine Erzählung sollte einen Schluss haben, sondern auch Ihre Präsentation. Das Publikum braucht diesen Abschluss – er gibt dem Gehirn einen deutlichen Hinweis. Kennen Sie bei einer Theatervorführung oder einer Show das Gefühl, dass die Lichter ausgehen und Sie sich nicht sicher sind, ob die Vorstellung schon zuende ist oder ob es nur einen Szenenwechsel gibt? Sie wissen dann nicht, ob Sie klatschen sollen oder nicht. Wir brauchen diesen Schlussmoment im Sinne von »... und wenn sie nicht gestorben sind, dann leben sie noch heute«.

Wenn Sie sich dem Ende nähern, dann können Sie zum Beispiel so etwas sagen wie: »Einen letzten Punkt habe ich noch anzubringen« oder »Lassen Sie mich zum Schluss noch Folgendes sagen«. oder »Zuletzt sollten Sie noch verstehen, dass ...« Das bringt uns als Publikum dazu, alles noch einmal in unserem Geiste zu sammeln, uns unsere Fragen zurechtzulegen, unsere Notizbücher zuzuklappen und einen letzten Tweet zu versenden.

Dies ist die letzte Folie einer Präsentation für Gymnasiasten zum Lesen von Zeitungen. Wird deutlich, dass die Präsentation hier zu Ende ist? Nicht wirklich – es gibt keinen Hinweis darauf, ob dieser Aufgabe noch eine weitere folgt.

Geben Sie mir bitte eine Folie zum Abschied! Ende der Geschichte.

Erstellen Sie dann eine »Vielen Dank«-Folie, damit ganz klar wird, dass Sie nun fertig sind und applaudiert werden darf. Alternativ könnte auf der Folie stehen: »Haben Sie Fragen?« oder »Jetzt klatschen« oder »Endlich ist es vorbei« oder etwas anderes Passendes und *Relevantes*. Weil das Ihre letzte Folie ist und Sie während der ganzen Präsentation nicht allzu viele Animationen eingesetzt hatten (außer an absolut passender Stelle, richtig?), verwenden Sie nun ruhig Ihren kitschigen Lieblingsübergang für die Abschiedsfolie (wie auf der gegenüberliegenden Seite gezeigt). Vielleicht wecken Sie ja damit das Publikum auf.

Die Verabschiedung und der Dank an das Publikum sind die perfekte Gelegenheit, den auffälligsten Übergang in Ihrer Sammlung zu verwenden.

Und planen Sie Zeit für Fragen ein

Die Teilnehmer wünschen sich am Ende einer Präsentation immer die *Möglichkeit*, Fragen zu stellen – egal, ob sie dann auch wirklich Fragen stellen oder nicht. Sie wissen das, weil Sie schon häufig in einem Publikum gesessen sind. Ich habe zwei Tage lang auf dem Seminar eines sehr bekannten Kommunikationsgurus verbracht. Dieser verabscheute jede Art der visuellen Präsentation – mit dem Ergebnis, dass ich mich an neun Zehntel der vorgetragenen Inhalte nicht einmal mehr erinnern kann (ich behalte nicht viel von dem, was ich mit den Ohren aufnehme). Zudem lehnte er es ab, die Fragen der Gruppe zu beantworten. Ich bekam dadurch das Gefühl, als habe er etwas zu verbergen, als wolle er sich nicht auf etwas festnageln lassen. Ein bisschen so wie die Leute, die auf Messen

Software vorstellen, bei allen Fragen aber an Leute verweisen, die auch wissen, wovon sie überhaupt sprechen.

Seien Sie also aufrecht und ehrlich – bitten Sie um Nachfragen. Wenn Sie Fragen zu Ihrem Thema nicht begegnen können, dann sollten Sie nicht über dieses sprechen. Möglicherweise kann jemand für Sie Tweets oder andere Online-Anfragen abfangen; das ist eine tolle Möglichkeit für Menschen, die zu schüchtern sind, um vor einem Publikum aufzustehen und eine Frage zu stellen. Natürlich gibt es auch einige Situationen, in denen Nachfragen nicht zum Programm einer Präsentation gehören. Wenn es jedoch erwartet wird, sollten Sie diesem Umstand gerecht werden. Wenn Sie um Nachfragen bitten und nach ungefähr sechs Sekunden noch keine gekommen sind, sagen Sie: »Ich danke Ihnen vielmals« und verlassen Sie die Bühne unter donnerndem Applaus.

Die schlechteste Präsentation, die ich jemals besucht habe (na ja, eine der schlechtesten)

Vor einigen Jahren besuchte ich an der Universität Oxford einen Sommer-kurs zu Shakespeare. Ich besuchte eine Präsentation zur Architektur Oxfords, die außerhalb des Lehrplans stattfand. Der Raum war heiß und stickig, dunkel, die Stühle waren zusammengepfercht und im Publikum saßen hauptsächlich Senioren.

Der Professor verwendete dieselben alten Dias, die er schon vor hundert Jahren benutzt hatte. Er saß ungefähr in der fünften Reihe in einem Stuhl am Gang inmitten des Publikums, das Gesicht zur Leinwand gerichtet, und schaltete das Diamagazin weiter. Niemand konnte ihn sehen und auch er konnte das Publikum nicht sehen. Wir hörten also seine ein-tönige, geisterhafte Stimme im Dunkeln über unglaublich langweilige Dinge sprechen, während wir vergilbte Dias betrachteten. Der Professor hatte keine Ahnung, dass nach der Hälfte seines Vortrags achtzig Prozent seines Publikums in diesem warmen stickigen Raum friedlich vor sich hinschlummerten.

TEIL III

VIER
Prinzipien *des*
VISUELLEN
designs

PRÄSENTATIONS-

GESTALTEN SIE DIE FOLIEN

Sobald Sie Ihre Präsentation organisiert, Ihre Texte kristallklar ausgearbeitet und eine Vorstellung von den passenden Grafiken und Hintergründen haben, sobald Sie verstehen, wo Sie Animationen einsetzen, und die Handlung Ihrer Geschichte festgelegt haben, können Sie die Präsentation tatsächlich gestalten.

Dieser Abschnitt bedient sich der vier Designgrundsätze, die ich in meinem Buch *Design und Typografie für Dich* aufgestellt habe, und zeigt Ihnen, wie sich diese auf Ihr Präsentationsdesign anwenden lassen.

Vier Grundregeln des **visuellen** Präsentationsdesigns

Die vier in meinem Buch *Design und Typografie für dich* erläuterten Designrichtlinien gelten auch für Präsentationsfolien. Es ist recht erstaunlich, wie leicht diese vier kleinen Regeln eine amateurhafte in eine professionell gestaltete Präsentation verwandeln können. Die einzelnen Richtlinien werden auf den folgenden Seiten ausführlicher erläutert. Anschließend wenden wir sie in der Praxis an.

Kontrast

Wenn zwei Elemente nicht identisch sind, gestalten Sie sie unterschiedlich. Sehr unterschiedlich. Kontrast fasziniert uns, weil er interessant wirkt und häufig einen Blickpunkt schafft. Kontraste wirken dramatisch, sie sind aber auch ein Werkzeug für die Organisation der Informationen auf Ihren Folien.

Wiederholung

Wiederholen Sie einige Designelemente in der gesamten Präsentation. Wiederkehrende Elemente in einer Slideshow schaffen eine optische Klammer. Das heißt nicht, dass alles *gleich* aussehen soll – Sie benötigen lediglich einige grafische Elemente, die alles miteinander verbinden.

Ausrichtung

Nichts sollte willkürlich auf der Folie angeordnet sein. Jedes Element sollte mindestens an einer Kante mit einem anderen Designelement auf der Seite verbunden werden.

Nähe

Gruppieren Sie verwandte Elemente: Physische Nähe deutet eine Beziehung an. Informations*gruppen* verdeutlichen, was sich auf der Folie befindet.

Beim Gestalten Ihrer Präsentation geht es nicht einfach um ein hübsches Aussehen Ihrer Präsentation – **es geht um klare Kommunikation.** Wenn Sie diese Designprinzipien befolgen, sieht Ihre Präsentation nicht nur besser aus, sondern die Informationen werden schlüssiger, einfacher und eindeutiger. Und es ist eine Tatsache, dass die Leute vielleicht eher Ihrer Präsentation folgen, statt ihre SMS-Nachrichten zu checken, wenn die Folien visuell ansprechend gestaltet sind.

Kontrast

Kontrast ist vielleicht das wichtigste Einzelelement, das ein Design für Ihre Augen ansprechend macht. Die beiden folgenden Folien sagen genau dasselbe aus. Von welcher werden Ihre Augen stärker angezogen?

Kleine Unternehmen

Definition und Erläuterung
Jonathan Röser

Dies ist die Standardtitelfolie von PowerPoint. Es gibt auf dieser Seite nicht viel Kontrast – alle Texte haben fast dieselbe Größe; die Farben sind ähnlich; der weiße Hintergrund ist wichtiger als die schwarze Schrift; alles sieht ziemlich mickrig aus. Wenn Sie dies als Eröffnungsfolie verwenden, wirken auch Sie schwächlich. Ordentlich, aber schwächlich.

Kleine Unternehmen

Definition und Erläuterung
Jonathan Röser

Hier habe ich stark kontrastierende Schriftgrößen und einen starken Schwarzweißkontrast verwendet. Ihre Augen werden in die Folie hineingezogen.

Kontrast durch Schriftwahl

Kontrast können Sie auf alle möglichen Arten erzielen. Eine der einfachsten Möglichkeiten ist die Verwendung einer starken Schrift. Ein Teil des Publikums befindet sich möglicherweise im hinteren Teil eines großen Saals. Die Folie wird durch Kontrast nicht nur stärker, sondern auch leichter lesbar. Klarheit!

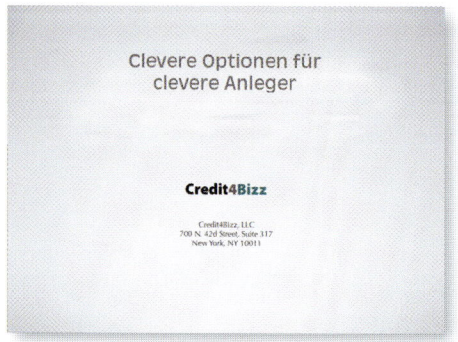 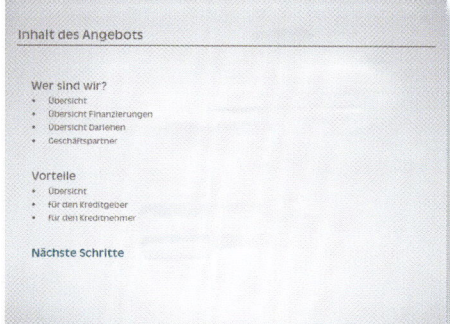

Diese Folien sind hübsch aufgeräumt; sie wirken aber nicht. Die Angebotsfolie ist sogar schlichtweg unlesbar. (Wenn eine Folie auf Ihrem Monitor klein aussieht, wirkt sie im Präsentationsraum ebenfalls klein.)

 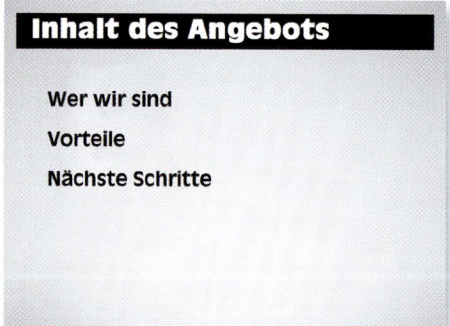

Hier sehen wir nicht nur, was sich auf dem Bildschirm befindet. Die stärkere Wirkung hat auch einen subtilen Effekt auf mich (im Publikum), so dass mir die visuelle Darstellung glaubwürdiger erscheint.

Beachten Sie, dass die kleinen Aufzählungspunkte aus der Angebotsfolie entfernt wurden; diese Punkte wurden auf andere Folien verteilt und die oben gezeigte Folie ist nun nur noch eine Übersicht über den folgenden Teil der Präsentation. Beachten Sie auch, dass die eigentlichen Aufzählungspunkte verschwunden sind. Verzichten Sie auf alles Überflüssige.

Kleiner schwarzer Text auf einer großen weißen Folie wirkt kraftlos. Im Druck sieht kleine Schrift schön aus, aber nicht auf einer Folie. Und nur die Zuschauer in den ersten zwei Reihen können sie lesen! Die ersten beiden der folgenden Abbildungen verwenden das PowerPoint-Standard-Folienthema. Sie sollten diese Vorlage aber nicht unverändert verwenden. Als einfache Maßnahme zur Verstärkung des Kontrasts sollten Sie wenigstens die Schrift vergrößern. Und denken Sie daran – es ist einfacher, den Text zu vergrößern, wenn sich weniger davon auf Ihrer Folie befindet. Kürzen Sie ihn!

In diesem Beispiel wird eine PowerPoint-Vorlage verwendet. Ich musste den Text gegenüber dem Standardschriftgrad vergrößern. Beachten Sie, dass dieser Text nicht wirklich groß ist – er hat lediglich eine besser lesbare Schriftgröße. Ein wirksamer Kontrast muss nicht extrem sein.

Kontrast durch Farbe

Auch mithilfe der Farben Ihrer Folien können Sie Kontraste erzeugen. Ich bin wirklich ziemlich überrascht darüber, wie viele Folien den beiden unten gezeigten ähneln. Ganz ehrlich – finden Sie, dass solche Folien auf Ihrem Monitor leicht lesbar sind? Denken Sie daran, dass das Licht auf Ihrem Monitor von hinten kommt und *durch* das Glas direkt in Ihre Augen gelangt; auf der Präsentationsleinwand wird das Licht *von* dieser *reflektiert* und auf Ihre Augen zurückgeworfen. Dadurch ist der Farbkontrast noch schwächer.

Egal wie groß die Schrift auf Ihrem Computer erscheint – auf einer Präsentationsleinwand wirkt sie nicht so hell und klar wie auf dem Monitor; manchmal hat sie noch nicht einmal dieselbe Farbe. Das trifft vor allem dann zu, wenn Sie Ihre Präsentation bei eingeschaltetem Licht abhalten.

Wenn Sie im Zweifel sind, ob Ihr Text auf der Leinwand gut lesbar ist, ändern Sie ihn.

Beim Gestalten hängt sehr viel vom *Sehen* ab. Weil Sie dieses Buch lesen, gehe ich davon aus, dass Sie daran interessiert sind, klarer zu sehen – alles, was dazu notwendig ist, ist der bewusste Versuch. Achten Sie darauf, was Sie sehen. **Hören Sie auf Ihre Augen.**

Das Problem mit den obigen Folien ist, dass es nicht genug **Kontrast** zwischen dem Hintergrund und dem Text gibt. Und es sind nicht nur die Farben, sondern auch der aufdringliche Hintergrund liefert keinen starken Kontrast zur kümmerlichen Schrift. Wenn Sie wirklich einen solchen Hintergrund möchten, *dann schaffen Sie einen Schriftkontrast,* wie auf der nächsten Seite gezeigt.

Marcel Proust

Leben und Werk

Frühe Jahre

In Paris am rechten Ufer
geboren

Wenn es weniger Text gibt, ist es natürlich viel einfacher, Schrift und Hintergrund kontrastreich zu gestalten. Bearbeiten Sie den Text. Setzen Sie ihn auf mehrere Folien – verwenden Sie so viele Folien, wie Sie benötigen.

Marcel Proust

Leben und Werk

Frühe Jahre

In Paris am rechten Ufer
geboren

Wie hier gezeigt, können Sie einen Teil dieses aufdringlichen Hintergrunds als vereinheitlichendes Element in die anderen Folien übernehmen. Im nächsten Kapitel erfahren Sie mehr über dieses Prinzip der Wiederholung. Damit können Sie Ihren aufdringlichen Lieblingshintergrund auf subtile Weise einsetzen.

Frühe Jahre

**Politische Änderungen
während der Kindheit**

Kontrast sorgt für Substanz

Kontrast kann eine solide Grundlage für Ihren Vortrag darstellen. Folien mit starkem Kontrast sehen oft solide aus und wenn Sie Vertrauen in die kraftvolle Grundlage Ihrer Folien haben, kann daraus ein größeres Selbstbewusstsein während der Präsentation entstehen.

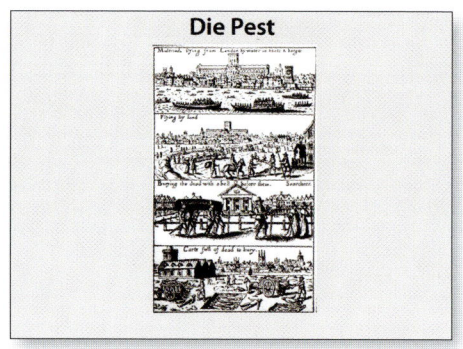

Kümmerlich. Entschuldigung, aber das sind wirklich kümmerliche Folien. Warum sind die Bilder so klein? Warum ist der Text so schwächlich? Ich möchte kein Fernglas benutzen müssen!

Die Pest

Epidemien jeden Sommer

1563: 80.000 Menschen starben
Theater geschlossen
1603-4: 30.000 Tote
1608-9

Wie ich häufig erkläre, wenden Sie selten nur eines dieser Designprinzipien an, sondern normalerweise mehrere gleichzeitig. Aber Sie können erkennen, wo wir hier Kontrast hinzugefügt haben: Schrift und Hintergrund sind kräftig, die Abbildungen sind groß. Auch die Überschriften sind jetzt ausgerichtet (siehe Kapitel 9). Weil das Pest-Bild so klein war, kopierte ich es dreimal und zeigte von jeder Kopie einen vergrößerten Ausschnitt. Weil die Folien mit einem auflösenden Übergang versehen sind, ändert sich von Folie zu Folie nur die Grafik. Nun kann das Publikum die Abbildungen erkennen.

Kontrast zur Organisation nutzen

Ein organisiertes Aussehen entsteht durch Kontrast. Der Kontrast auf den einzelnen Folien hilft, das Auge des Betrachters durch die Informationen zu leiten, weil unsere Augen von Gegensätzen angezogen werden. Auf den meisten Folien befinden sich nicht viele Informationen, aber es gibt immer Fälle, in denen dies wichtig ist und in denen man wissen sollte, wie man damit umgeht.

Stellen Sie sich vor, Sie sitzen in einem abgedunkelten Raum und betrachten Bilder von kleinen Insekten und dann – bumm! – das »Größte Insekt von allen« erscheint riesig auf der Leinwand.

Abläufe im College
Wie und wo bewerben

- Bewerben Sie sich online auf http://tsp.edu.
- Unter 505-438-8668 erhalten Sie ein Bewerbungsformular per E-Mail.

- Sprechen Sie im **Immatrikulationsbüro**, Sheldon Vocational Center (SVC), Zimmer 1300, vor.
- Weitere Informationen über Bewerbungen finden sie auf dem Handzettel.

Abläufe im College
Eignungstest

- Für viele Kurse am TSP benötigen Sie eine bestimmte Qualifikation im **Lesen**, **Schreiben** bzw. in **Mathematik**.
- Für den ESL-Kurs ist der **Levels of English Proficiency-Test** (LOEP) notwendig.

- Es gibt zwei Möglichkeiten, die Qualifikation für READ, WRIT oder MATH zu erreichen:
  - Nehmen Sie im Immatrikulationsbüro, Zimmer 1300 SVC an einem Test teil.
  - Erwerben Sie die notwendige Qualifikation in einem Kurs.

Die Referentin setzt den Kontrast gelungen ein: Sie hebt wichtige Aussagen mit einer kontrastierenden Farbe hervor. Sie sollte diese aber ein wenig stärker hervorheben. (Und sie könnte den Text bearbeiten, so dass die einzelnen Folien nicht so viel Text enthalten.)

Abläufe im College
Wie und wo bewerben

Bewerben Sie sich online auf http://tsp.edu.

Unter 505-438-8668 erhalten Sie ein Bewerbungsformular per E-Mail.

Abläufe im College
Eignungstest

Es gibt zwei Möglichkeiten, die Qualifikation für READ, WRIT oder MATH zu erreichen:

Sie verstärkte die Kontraste in den Überschriften: »Abläufe im College« ist nun kleiner und die Hauptüberschrift ist größer und fetter, so dass sie den Blick auf sich zieht.

Sie verteilte den Text auf mehrere Folien (beachten Sie, dass »Eignungstest« nun zwei Folien bekommen hat), so dass die Informationen größer und damit besser lesbar sind. Die goldene Farbe verwendete die Referentin für die wichtigeren Informationen. Der Kontrast zieht unsere Blicke auf sich.

Abläufe im College
Eignungstest

Nehmen Sie im Immatrikulationsbüro, Zimmer 1300 SVC an einem Test teil.

Erwerben Sie die notwendige Qualifikation in einem Kurs.

Die durch Kontrast erzeugte Hierarchie kann zu einem wiederkehrenden Element werden (siehe folgendes Kapitel), das Ihrem Publikum hilft, dem Vortrag zu folgen.

Kontrast verlangt Aufmerksamkeit

Von Natur aus ziehen Kontraste die Aufmerksamkeit auf sich. Sicherlich waren Sie schon einmal an einem Ort (oder können sich dies zumindest vorstellen), wo Sie sich von allen anderen Menschen sehr unterschieden haben – selbst wenn Sie unter ihresgleichen eine ganz normale Erscheinung sind, fallen Sie an manchen Orten durch Kontrast auf. Ganz ähnlich ist es in einer Slideshow. Also sollten Sie daraus Vorteile ziehen. Zum Beispiel halten Sie einen langen Vortrag und zeigen dabei Ihre Folien und dann kommt etwas so Fantastisches, dass das Publikum wirklich aufhorchen und aufmerksam zuhören soll – sorgen Sie in diesem Fall für einen deutlichen Kontrast.

8 Wiederholung

Wiederholung sorgt in Ihrem Design für eine optische Klammer, besonders wenn es – wie eine Präsentation mit vielen Folien – aus verschiedenen Teilen besteht.

Wiederholung in ihrer einfachsten Form ist Konsistenz. Sie möchten ein konsistentes Aussehen in Ihrer gesamten Präsentation erzeugen. Sie könnten die Schriftwahl und -größe wiederholen; vielleicht gibt es bestimmte Farben, die Sie wiederholen können. Vielleicht gibt es Grafikstile, die Platzierung von Elementen, die Anordnung von Texten und Grafiken usw. Alles, was mehr als einmal in Ihren Folien auftaucht, können Sie als wiederkehrendes Element verwenden.

In den meisten Fällen arbeiten Sie mit den vorhandenen Elementen auf Ihren Folien, aber manchmal können Sie wiederkehrende Elemente speziell als optische Klammer *erzeugen*. Wenn Ihr Vortrag beispielsweise von Astronomie handelt und Sie in der Titelfolie ein bestimmtes Sternsymbol verwenden, könnten Sie dieses als wiederkehrendes Element (auch in verschiedenen Größen und Farben) auf den Folien der Präsentation einsetzen.

Konsistenz durch Wiederholung

Die einfachste Anwendung von Wiederholung ist ein konsistentes Erscheinungsbild Ihrer Folien. Das bedeutet nicht, dass jede Folie exakt identisch aussehen muss; es bedeutet lediglich, dass Sie bewusst eine Sammlung anlegen, der man ansieht, dass alle ihre Bestandteile zusammengehören.

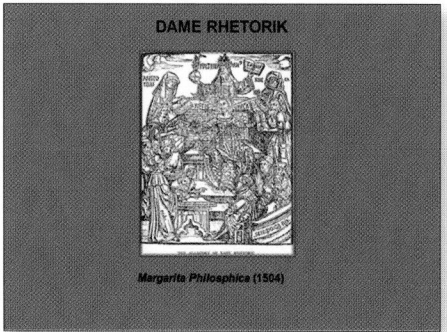

Einführung in die Renaissance

„Renaissance"

- Humanismus
- Rhetorik
- Neuplatonismus
- Reformation

DAME RHETORIK

Margarita Philosphica (1504)

„Humanismus"

- Neubesinnung auf alte Lehren
- Dichtung, Redekunst: Rhetorik: *humanae litterae*
- Die Liebe zum Wort: Bearbeitung und Übersetzung

Rhetorik

- **Inventio:** Entdeckung
- **Dispositio:** Ordnung
- **Elocutio:** Stil
- **Memorio:** Erinnerung
- **Pronuntiatio:** Vortrag

Imitatio

„Dichtkunst ist demnach die Kunst der Nachahmung".

- Die **Form** wird kopiert, aber mit neuen **Inhalten** versehen.
- Der **Inhalt** wird kopiert, aber in eine neue **Form** gebracht.

In diesen Folien (sechs von 37) könnte man die Schrift und den weißen Hintergrund als wiederkehrende Elemente betrachten, wenn man davon absieht, dass sie keinen Charakter haben. Und es gibt verschiedene Ungereimtheiten: die Schriftgrößen, der Zeilenabstand, die Textposition, die Folie mit dem grauen Hintergrund.

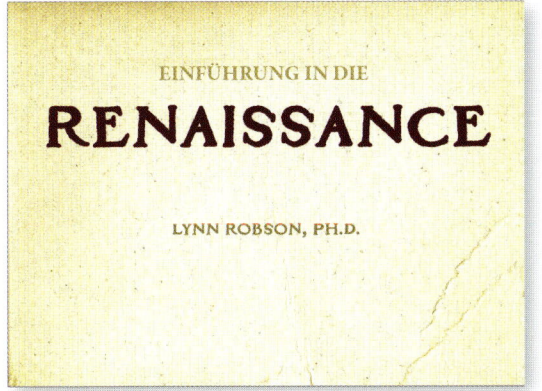

EINFÜHRUNG IN DIE

RENAISSANCE

LYNN ROBSON, PH.D.

Einführung in die
Renaissance

„Renaissance"

- Humanismus

- Rhetorik

- Neuplatonismus

- Reformation

„Humanismus"

- Neubesinnung auf alte Lehren

- Dichtung, Redekunst: Rhetorik: *humanae litterae*

- Die Liebe zum Wort: Bearbeitung und Übersetzung

DAME RHETORIK

Margarita Philosophica (1504)

Imitatio

„Dichtkunst ist demnach die Kunst der Nachahmung".

- Die **Form** wird kopiert, aber mit neuen **Inhalten** versehen.

- Der **Inhalt** wird kopiert, aber in eine neue **Form** gebracht.

Als Erstes haben wir statt des Standardhintergrunds *bewusst* einen *passenden* Hintergrund verwendet. (Die Schrift auf dieser Titelfolie wurde in Kapitel 4 geändert.)

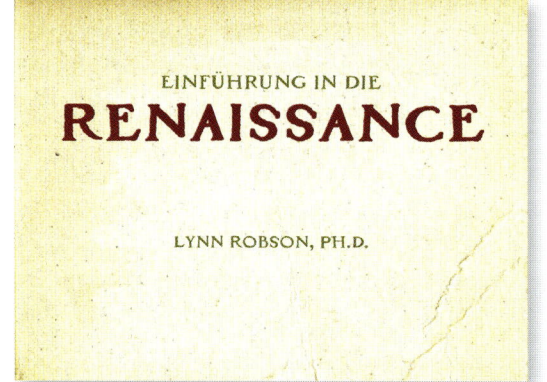

EINFÜHRUNG IN DIE

RENAISSANCE

LYNN ROBSON, PH.D.

EINFÜHRUNG IN DIE

RENAISSANCE

Humanismus

Rhetorik

Neo-Platonimus

Reformation

HUMANISMUS

- Neubesinnung auf alte Lehren
- Dichtung, Redekunst: Rhetorik: *humanae litterae*
- Die Liebe zum Wort: Bearbeitung und Übersetzung

HUMANISMUS

DAME RHETORIK

Margarita Philosophica 1504

RHETORIK

- **Inventio:** Entdeckung
- **Dispositio:** Ordnung
- **Elocutio:** Stil
- **Memorio:** Erinnerung
- **Pronuntiatio:** Vortrag

RHETORIK IMITATIO

„DICHTKUNST IST DEMNACH DIE KUNST DER NACHAHMUNG."

- Die *Form* wird kopiert, aber mit neuen *Inhalten* versehen.
- Der *Inhalt* wird kopiert, aber in eine neue *Form* gebracht.

Hier beginnen wir mit der Entwicklung einiger wiederkehrender Designelemente und schaffen mit Schriften, Abständen und Ausrichtungen ein wenig Konsistenz. Diese Präsentation enthält 37 Folien, so dass ich bei der Arbeit daran konstante Anpassungen vornehme.

RHETORIK IMITATIO

„DICHTKUNST IST DEMNACH DIE
KUNST DER NACHAHMUNG."

- Die *Form* wird kopiert, aber
  mit neuen *Inhalten* versehen.

- Der *Inhalt* wird kopiert, aber
  in eine neue *Form* gebracht.

HUMANISMUS

DAME RHETORIK

*Margarita
Philosophica
1504*

HUMANISMUS

- Neubesinnung auf alte Lehren
- Dichtung, Redekunst:
  Rhetorik: *humanae litterae*
- Die Liebe zum Wort:
  Bearbeitung und Übersetzung

RHETORIK

- **Inventio:** Entdeckung
- **Dispositio:** Ordnung
- **Elocutio:** Stil
- **Memorio:** Erinnerung
- **Pronuntiatio:** Vortrag

Wenn Sie das vorige Kapitel über den Kontrast gelesen haben, erkennen Sie, wie ich den Kontrast als wiederkehrendes Element verwendet habe. Die Folien wirken nicht nur attraktiver, Sie erkennen auch, dass sie nun klarer kommunizieren.

Damit dem Publikum die Änderung der Hauptüberschrift wirklich auffällt, könnte ich die neue Überschrift bei ihrem erstmaligen Erscheinen mit einer *dezenten* Animation versehen und damit die Aufmerksamkeit auf sie lenken.

Einen Stil wiederholen

Lassen Sie uns die unten gezeigten drei Folien nach den Grundsätzen von Kontrast und Wiederholung neu gestalten. Weil das Spielethema so visuell ist, verwenden wir preiswerte Fotos von einer Site wie iStockphoto.com.

Aber zuerst wollen wir den Text bearbeiten: Was *muss* auf den Folien sein, was werde ich *laut* vortragen und was soll auf den *Handzettel*, den das Publikum mitnimmt? Ich denke, das einzige, was sich auf jeder Folie befinden muss, ist die Überschrift. Ich spreche über die anderen Punkte und es gibt einen Handzettel mit meiner Gliederung, so dass das Publikum folgen und sich Notizen machen kann. Wenn ich zu einem oder mehreren Aufzählungspunkten mehr zu sagen habe, erzeuge ich dafür eigene Folien (wie auf Seite 90 gezeigt). Das Ergebnis rechts wirkt wie eine totale Kehrtwendung von den Originalfolien zum fertigen Produkt. Das ist aber nicht wirklich so. Sie müssen sich lediglich bewusst entschließen,

1. den Text zu bearbeiten, so dass die Folie nur wirklich Notwendiges enthält (denken Sie daran, dass die Folien Ihre Rede *verstärken* sollen),

2. ein paar Euro in Bilder zu investieren, die Ihre Präsentation untermauern.[1] (Es ist auch sinnvoll, sich eine Schriftsammlung anzulegen.)

 Was ist ein Spiel?

- Ein Spiel ist eine erholsame Beschäftigung mit
  - einem Ziel, das die Spieler zu erreichen versuchen,
  - Regeln, die bestimmen, was die Spieler tun können.
- Spiele beziehen einen oder mehrere Spieler mit ein und werden vor allem zum Vergnügen gespielt, können aber auch zu Unterrichts- oder Simulationszwecken dienen.

Solitärspiele

- Wiederholung und Verstärkung grundlegender Informationen
- Blooms Taxonomie, niedrigere Stufen von
  - Kenntnis
  - Verständnis
- Nutzer spielt wiederholt, bis er gewinnt
- Belohnung für Vollendung und Punktestand

Die Zeit ist reif

- Neue Lerngeneration
- Spielgeneration
  - Aufgewachsen mit Spielen mit visuellen Elementen und starker Stimulation
  - Ist das Lernen durch Spiele gewohnt
  - Herkömmliche Leistungstests erscheinen möglicherweise langweilig
- Spiele sind eine Lösung für diese neuen Gegebenheiten

Wir beginnen mit einer Einführungsfolie, die sich während Ihrer einleitenden Worte auf der Leinwand befindet (siehe Kapitel 6 über die Handlung). Zwischen den einzelnen Folien gibt es unaufdringliche Übergänge.

Den Text auf der Originalfolie (oben links) werden Sie vortragen, also gehört er nicht auf die Folie! Die für Ihr Publikum wichtigen Schlüsselpunkte befinden sich auf den Handzetteln.

Starke Bilder von Spielen und Menschen verstärken Ihren Vortrag, ohne von ihm abzulenken.

1 Auf der Suche nach diesen Bildern suchte ich auf iStockphoto.com nacheinander nach *board games*, nach *solitaire* und nach *video games*. Ich brauchte 10 Minuten und gab 12 US-$ aus.

In diesem Beispiel habe ich eine Schrift verwendet, die ich für ein paar US-$ von MyFonts.com gekauft habe (es handelt sich nicht um Arial oder Times, sondern um Tabitha). Ich habe dunkle waagerechte Balken und große Fotos hinzugefügt. Alle diese Elemente (Schrift, Balken, Foto) fungieren als Wiederholungselemente. Die grafisch interessant gestalteten Überschriften werden zu wiederkehrenden Elementen, die als optische Klammer dienen. Die Fotos nutze ich auf ähnliche Weise; sie werden ebenfalls zu wiederkehrenden Elementen, die eine optische Klammer darstellen. Wie Sie sehen, habe ich nicht hier ein Foto und da ein albernes Clipart verwendet, sondern den konsistenten Stil beibehalten.

Sie könnten nun entgegnen, dass auch auf den Originalfolien eine durchgehende Textgestaltung und eine durchgehende Verwendung von Cliparts zu finden ist. Damit haben Sie ganz Recht. Auf den Originalfolien ist die Wiederholung jedoch schwach; sie ist nicht bewusst oder konsistent oder auch nur attraktiv. Die drei Grafiken sind außerdem bezüglich ihres Stils, ihrer Farbe und ihrer Platzierung inkonsistent. Die Bilder haben keinen optischen Zusammenhalt – die einzige Übereinstimmung besteht darin, dass sie zufällig auf der Folie platziert wurden.

Unser Gehirn schätzt Ordnung. Wenn ich in einer Präsentation sitze und dem Redner zuhöre, möchte mein Gehirn möglichst wenig abgelenkt werden. Enthält eine Slideshow konsistente und wiederkehrende (passende) Elemente, fühle ich mich ruhig und sicher und entwickle etwas mehr Vertrauen in den Vortragenden. Beurteilen wir ein Buch nach seinem Cover? Natürlich tun wir das und unbewusst beurteilen wir eine Präsentation nach ihrem Aussehen und unseren Empfindungen, während wir sie betrachten und ihr zuhören.

Wir sind nun einmal eine visuelle Gesellschaft.

Wiederholen Sie das Bild, aber variieren Sie es

Wiederholung bedeutet nicht, dass Sie jedes Mal *exakt* dasselbe wiederholen sollen. Sie können den Stil, die Farben oder die Platzierung des Bilds wiederholen und so ein wiederkehrendes Muster zur Vereinheitlichung der Folien erzeugen. Rechts habe ich zur Vertiefung des Themas »Was ist ein Spiel?« in den einzelnen Folien einen kleinen Teil der Originalgrafik verwendet. Dadurch kann mir das Publikum leichter folgen; es entsteht nicht nur Einheitlichkeit, sondern auch Übersichtlichkeit.

Bei solchen Folien sollten Sie »Auflösen« als Übergang verwenden, damit Überschrift und Foto nicht auf jedem Bildschirm neu aufgebaut werden. Das einzige *scheinbar* geänderte Element ist der Aufzählungstext.

Vielfältige Einheit

Wenn ein Element ein starkes visuelles Erscheinungsbild hat, können Sie es auf unterschiedliche Weise wiederholen und trotzdem ein einheitliches Design schaffen.

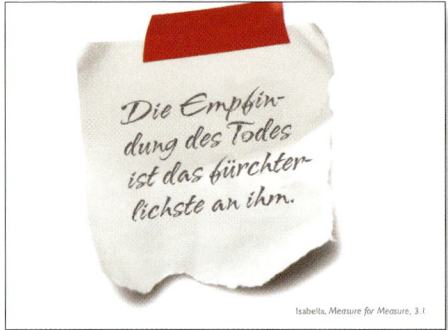

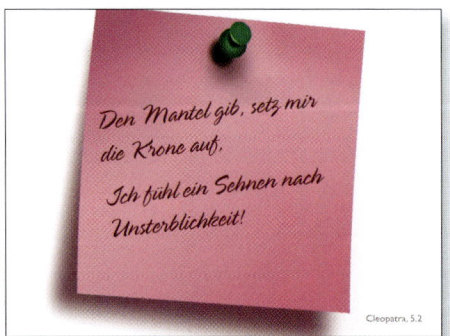

Wenn Sie einprägsame Bilder verwenden, können Sie diese auf viele unterschiedliche Arten einsetzen – groß, klein, verschiedene Farben, verschiedene Platzierungen, mit verschiedenen Schriften usw. (Diese Klebenotizen sind von iStockphoto.com.)

Diese Einführungs- und Übersichtsfolien definieren einen Stil, von dem der Präsentierende auf unterschiedliche Weise abweichen und trotzdem Konsistenz beibehalten kann.

In diesem einfachen, wiederkehrenden Grundgerüst können Sie den schwarzen Balken verschieben, die Grafiken und sogar die Farben ändern (immer mit dem Ziel der Übersichtlichkeit).

Enthält Ihre Präsentation offensichtlich zusammengehörige Elemente (wie etwa geometrische Formen), können Sie diese auf vielfältige Weise einsetzen. Vielleicht verwenden Sie ein Kreismotiv – der Kreis ist eine so einprägsame Form, dass sie auch dann als vereinheitlichendes Element wirkt, wenn Sie sie in verschiedenen Größen, Farben und Platzierungen einsetzen. Vielleicht verwenden Sie Fotos von Häusern als Thema – setzen Sie alle unterschiedlichen Arten von Häusern ein. Je einprägsamer Ihre wiederkehrenden Elemente sind, desto stärker können Sie sie variieren und trotzdem ein konsistentes Aussehen schaffen.

Drei Lebensregeln Robin Williams	**Drei Lebensregeln** 1. Ihre Einstellung ist Ihr Leben.
Drei Lebensregeln 2. Maximieren Sie Ihre Möglichkeiten.	**Drei Lebensregeln** 3. Lassen Sie sich den Genuss der Wassermelone nicht von ihren Kernen verderben.

In dieser kurzen Präsentation werden die Standard-PowerPoint-Folien verwendet. Zumindest ist die Schrift hübsch – Calibri wirkt viel sauberer und frischer als Arial. Normalerweise sollten Sie sich in einer nummerierten Liste nicht auf die Zahlen konzentrieren, weil Sie damit zu viel Aufmerksamkeit auf diese lenken würden. In diesem Fall ist die Zahl jedoch ein Teil der Aussage; deshalb verwenden wir sie auf der folgenden Seite als wiederkehrendes Element (und verstärken gleich den Kontrast ein wenig).

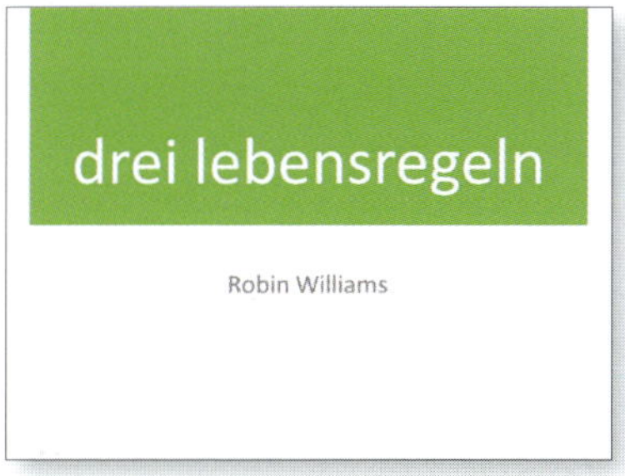

drei lebensregeln

Robin Williams

Die Grundlage ist eine Keynote-Vorlage, die ich ein bisschen angepasst habe.

Die Folie mit der Nummer 1 (unten links) löst sich in die nächste Folie (rechts) auf, wobei die Zahl selbst ausgeblendet und die Regel hervorgehoben wird. Die Zahlen werden damit zu einem Gestaltungselement.

1

1

Ihre Einstellung ist Ihr Leben.

2

2

Maximieren Sie Ihre Möglichkeiten.

3

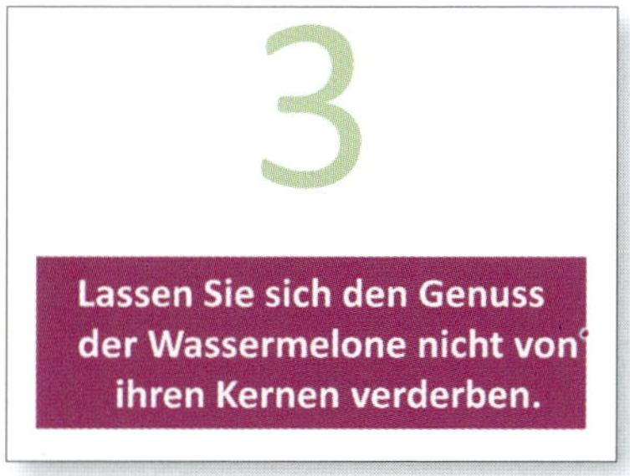

3

Lassen Sie sich den Genuss der Wassermelone nicht von ihren Kernen verderben.

Danke

Die Farbe dieser letzten Folie unterscheidet sich von den anderen; die Form des Kastens, Schrift und Schriftfarbe und die Platzierung wiederholen sich jedoch. Wenn Sie eine starke Wiederholung haben, können Sie daraus ausbrechen und man erkennt, dass die Abweichung kein Fehler, sondern Absicht ist.

Enthält Ihre Präsentation offensichtlich zusammengehörige Elemente (wie etwa geometrische Formen), können Sie diese auf vielfältige Weise einsetzen. Vielleicht verwenden Sie ein Kreismotiv – der Kreis ist eine so einprägsame Form, dass sie auch dann als vereinheitlichendes Element wirkt, wenn Sie sie in verschiedenen Größen, Farben und Platzierungen einsetzen. Vielleicht verwenden Sie Fotos von Häusern als Thema – setzen Sie alle unterschiedlichen Arten von Häusern ein. Je einprägsamer Ihre wiederkehrenden Elemente sind, desto stärker können Sie sie variieren und trotzdem ein konsistentes Aussehen schaffen.

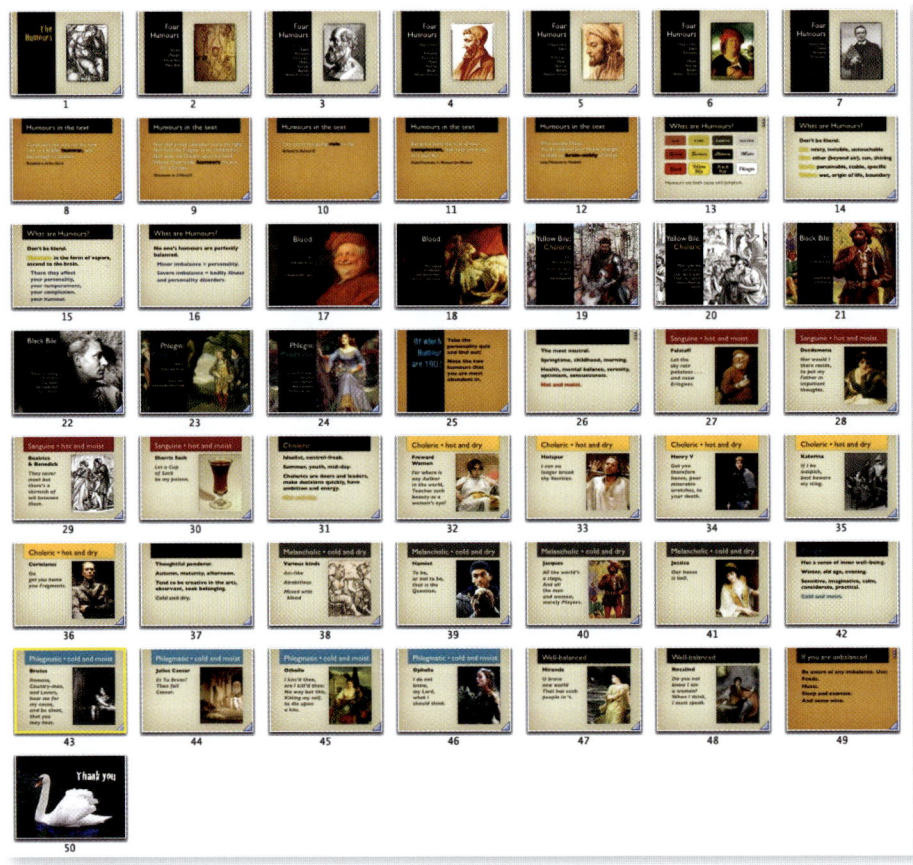

Dies ist die Keynote-Leuchttischansicht (in PowerPoint verwenden Sie die Folien-sortieransicht) meiner Folien über einen Vortrag über die Körpersäfte. Sie können die in der Gesamtpräsentation und in den vier Abschnitten für die einzelnen Körpersäfte wiederkehrenden Elemente erkennen. Jede Variation wurde so gestaltet, dass Kommunikation und Verständnis unterstützt werden.

Wiederkehrende Elemente finden und gestalten

Ermitteln Sie in Ihrer Präsentation diejenigen Objekte, die bereits wiederkehrend sind. Verwenden Sie diese dann als Designelemente. Arbeiten Sie mit einer Reihe von Zitaten? Vielleicht können Sie überdimensionierte Anführungszeichen als wiederkehrendes Element verwenden, um die Aufmerksamkeit auf die kluge Sentenz zu lenken. Gibt es einen Satz, auf den Sie immer wieder zurückkommen? Vielleicht kann eine spezielle Schriftgestaltung zum wiederkehrenden Element werden.

Wiederholung bedeutet nicht Gleichförmigkeit

Das Prinzip der Wiederholung bedeutet nicht, dass *alles* identisch ist. Sie können in derselben Präsentation problemlos verschiedene Hintergründe, verschiedene Schriften, verschiedene Farben, verschiedene Stile usw. verwenden. Wichtig ist, dass *Wiederholung ein vereinheitlichendes Element ist.* Wenn die gesamte Präsentation um ein starkes Thema aufgebaut ist, können Sie davon abweichen, um sich auf ein neues Thema oder ein Nebenthema zu konzentrieren. Anschließend kehren Sie zum allgemeinen Design zurück. Alternativ verwenden Sie eine Variation Ihres Hauptthemas für Unterthemen.

Durch die Wiederholung können die Teilnehmer Ihre Präsentation leichter nachvollziehen. Die Wiederholung schafft eine solide visuelle Grundlage. Das Publikum fühlt sich sicher und umsorgt; Sie wirken organisiert und selbstsicher.

Es ist jedoch KEIN gutes Beispiel für Wiederholung, wenn Sie Ihr Firmenlogo auf jede Folie setzen – dies ist ein Beispiel für unnötiges Beiwerk (siehe Seite 64).

9 Ausrichtung

Durch Ausrichtung ordnen Sie die verschiedenen Elemente auf Ihrer Folie und erzielen ein strukturiertes, aufgeräumtes und kohärentes Aussehen. Die Ausrichtung trägt zur klaren Kommunikation bei.

Das Konzept der Ausrichtung verlangt eine bewusste Entscheidung darüber, wo Sie die Elemente auf der Seite positionieren. Platzieren Sie niemals etwas zufällig auf der Seite! Jedes Element muss mit einem anderen Folienbestandteil verbunden sein; die Ausrichtung aller Folien der Präsentation sollte konsistent sein. Füllen Sie leere Ecken nicht einfach mit Objekten – stellen Sie sicher, dass alle Elemente ausgerichtet sind.

Die Elemente auf der linken Folie haben keine Verbindung zueinander – jedes ist einfach zufällig auf der Seite platziert.

Als einzige Verbesserungsmaßnahme wurde rechts jedes Element an einem anderen ausgerichtet – wir sehen sofort, dass die Folie nun »aufgeräumt« wirkt. Das Foto wurde mit dem senkrechten Balken des B an der linken Kante der Überschrift ausgerichtet. Der kleinere Text wurde an der Oberkante des Fotos ausgerichtet und ist nun linksbündig, so dass auch seine linke Kante an der Kante des Fotos ausgerichtet ist.

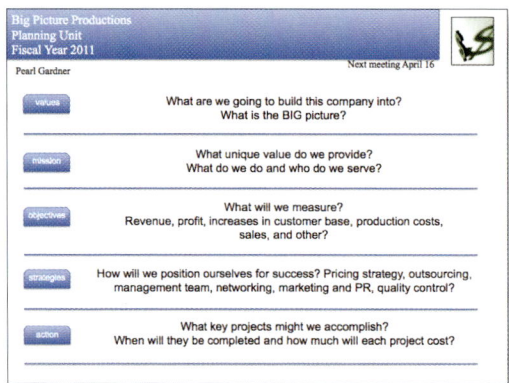
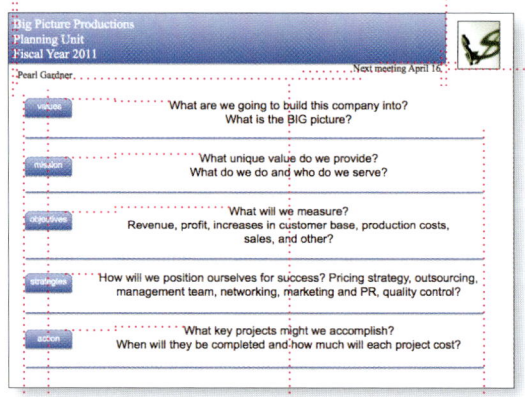

Wenn Sie um alle Kanten von Formen und Textrahmen oder durch den Mittelpunkt von zentriertem Text mit einem Stift Linien ziehen, ergeben sich sehr viele Linien. Das ist der Grund, warum diese Präsentationsfolie so chaotisch wirkt.

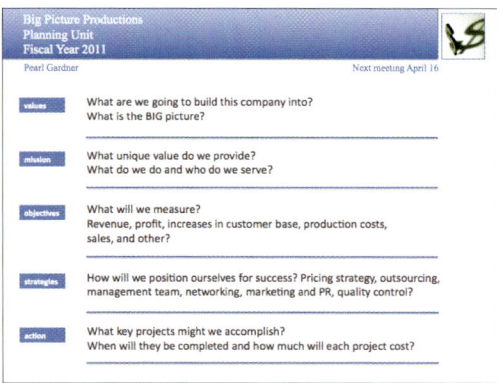
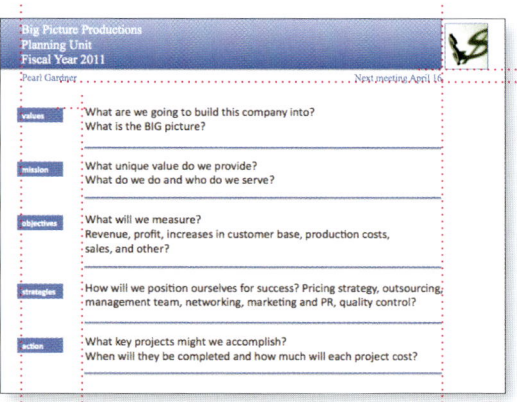

Wenn wir die Objekte ausrichten, wirkt die Folie überraschend sauber. Und eine saubere Folie ist eine besser kommunizierende Folie (links). Ich habe die kleinen blauen Textrahmen geändert, so dass sich ihre Form dem Balken am oberen Rand anpasst und damit eine Wiederholung entsteht. Auch durch den Verzicht auf die runden Ecken der blauen Rechtecke wirkt die Folie aufgeräumter.

Sie sehen, dass nun jedes Element auf der Seite an etwas anderem ausgerichtet ist.

Klar enthält die Folie nach wie vor zu viel Text (wodurch dieser so klein wird, dass er nicht mehr gut lesbar ist), aber zumindest wirkt sie nun sauber und geordnet, was ihr Erscheinungsbild ungemein verbessert (rechts).

Durch Ausrichtung lassen sich Einzelfolien aufräumen

Auch wenn Ihre Folie viel Text enthält (nicht empfehlenswert, aber manchmal könnte es notwendig sein), ist die Ausrichtung das wichtigste Hilfsmittel, damit die vielen verwendeten Elemente ruhig und geordnet wirken.

Es ist doch recht bemerkenswert, wie diese einfache und schnelle Maßnahme einen solch radikalen Unterschied bei Ihren Folien bedeuten kann.

Diese Folien haben kaum eine Verbindung zueinander; alle Elemente sind mehr oder weniger zufällig auf den Folien platziert.

Nun gibt es auf den einzelnen Folien und folienübergreifend deutliche Ausrichtungen. In der mittleren Folie sind die beiden Fotos durch den vierzeiligen Text nach unten gerutscht. Das geht aber in Ordnung, weil es trotzdem eine Ausrichtung um die Überschriften und zwischen den beiden Fotos gibt. Beachten Sie, dass nicht *alles* ausgerichtet werden muss (beispielsweise nicht *sowohl* Ober- als auch Unterkante); Sie benötigen lediglich einige konsistente Verbindungen.

1935 war es noch schlimmer. Am 14. April war der Himmel den ganzen Tag lang schwarz.

1935 war es noch schlimmer. Am 14. April war der Himmel den ganzen Tag lang schwarz.

1935 war es noch schlimmer. Am 14. April war der Himmel den ganzen Tag lang schwarz.

Mai 1934: Ein zweitägiger Sturm überschüttete Chicago, Buffalo, Boston, New York City und Washington DC mit Erde aus den Great Plains – fast zwei Kilo pro Einwohner von Chicago.

Mai 1934: Ein zweitägiger Sturm überschüttete Chicago, Buffalo, Boston, New York City und Washington DC mit Erde aus den Great Plains – fast zwei Kilo pro Einwohner von Chicago.

Wir möchten aber eine weitere Verbesserung vornehmen – wir verwenden mehr Folien. Sie sind kostenlos! Die Bilder sind grandios und sehr emotional. Durch den Übergang »Auflösen« zwischen den Folien in jedem Satz ändert sich der Text scheinbar nicht; nur die Fotos wechseln. Sie erzielen eine sehr viel stärkere Wirkung, weil Ihr Publikum die Fotos nun wirklich erkennen kann.

In den Trockengebieten musste 25 Prozent der Bevölkerung abwandern.

In den Trockengebieten musste 25 Prozent der Bevölkerung abwandern.

Ausrichtung räumt die Folien Ihrer Präsentation auf

In einer Mehrfolienpräsentation wirken die individuellen Folien durch Ausrichtung nicht nur sauberer und besser organisiert. Wenn Sie die Ausrichtung in der gesamten Präsentation beibehalten, wirkt diese sauber und geordnet.

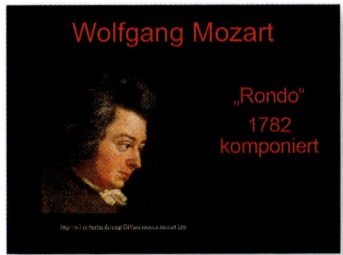  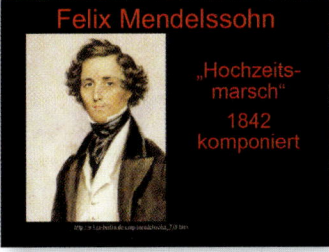

Die Elemente auf diesen Folien wurden ohne Gedanken an die Platzierung einfach auf die Seite gesetzt. Das Ergebnis ist chaotisch. (Das übertriebene Rot bringt nichts. Und verzichten Sie auf lange und komplexe Webadressen, die kein Mensch lesen oder abschreiben kann; wenn sie wichtig sind, notieren Sie sie auf dem Handzettel.)

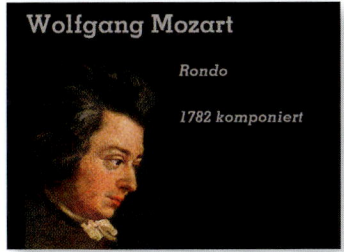  

Nun sind die Ausrichtungen konsistent. Sie können die unsichtbare Linie unter allen Überschriften praktisch sehen. Der kleinere Text ist links ausgerichtet; diese starke linksbündige Ausrichtung befindet sich an der Kante der Porträts. Die Porträts selbst haben jetzt alle dieselbe Größe und sind in der gesamten Präsentation aneinander ausgerichtet. (Die Bilder sind Public Domain und lassen sich kostenlos von Wikimedia Commons – commons.wikimedia.org – herunterladen.)

Wolfgang Mozart

Rondo

1782 komponiert

Ludwig van Beethoven

*Symphonie No. 5,
Op. 67*

Allegro Con Brio

1804-8 komponiert

Felix Mendelsohn

Hochzeitsmarsch

1842 komponiert

Bei der Gelegenheit möchte ich etwas zum momentanen Trend zu einfarbigen schwarzen Hintergründen sagen: Versuchen Sie es mit einer anderen Farbe. Vielleicht ist einfarbiges Schwarz genau das Richtige für Ihre Präsentation oder es gefällt Ihnen, wie die Folie bei der Vorführung in den Hintergrund ausläuft; aber probieren Sie andere Farben wenigstens aus. Es gibt viele satte, dunkle Farben auf der Welt, aus denen Sie wählen können. Vielleicht brauchen Sie gar keine dunkle Farbe! Hellen Sie sie auf!

Ausrichtung vereinheitlicht Ihre Präsentation

Dieses Beispiel habe ich Ihnen im vorigen Kapitel schon einmal gezeigt, als es um die Anwendung von Wiederholung ging. Hier ist aber auch die Ausrichtung ein wichtiger Faktor (nur selten wenden Sie lediglich ein Designprinzip in Ihren Projekten an). Sie erkennen, dass Sie mit einer konsistenten Ausrichtung Ihre ganze Präsentation vereinheitlichen können.

„Humanismus"

- Neubesinnung auf alte Lehren

- Dichtung, Redekunst: Rhetorik: *humanae litterae*

- Die Liebe zum Wort: Bearbeitung und Übersetzung

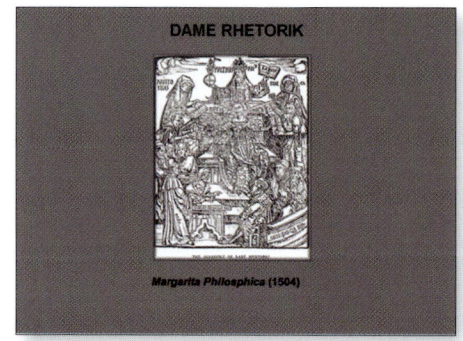

DAME RHETORIK

Margarita Philosphica (1504)

Rhetorik

- **Inventio:** Entdeckung

- **Dispositio:** Ordnung

- **Elocutio:** Stil

- **Memorio:** Erinnerung

- **Pronuntiatio:** Vortrag

Imitatio

„Dichtkunst ist demnach die Kunst der Nachahmung".

- Die **Form** wird kopiert, aber mit neuen **Inhalten** versehen.

- Der **Inhalt** wird kopiert, aber in eine neue **Form** gebracht.

Auf diesen Folien bzw. in der Gesamtpräsentation sind nur wenige Elemente ausgerichtet.

HUMANISMUS

- Neubesinnung auf alte Lehren
- Dichtung, Redekunst:
  Rhetorik: *humanae litterae*
- Die Liebe zum Wort:
  Bearbeitung und Übersetzung

HUMANISMUS

DAME RHETORIK

*Margarita
Philosophica
1504*

RHETORIK

- **Inventio:** Entdeckung
- **Dispositio:** Ordnung
- **Elocutio:** Stil
- **Memorio:** Erinnerung
- **Pronuntiatio:** Vortrag

RHETORIK IMITATIO

„DICHTKUNST IST DEMNACH DIE
KUNST DER NACHAHMUNG."

- Die *Form* wird kopiert, aber
  mit neuen *Inhalten* versehen.

- Der *Inhalt* wird kopiert, aber
  in eine neue *Form* gebracht.

Wenn Sie Linien zwischen den Elementen auf den einzelnen Folien ziehen, erkennen Sie die durch die Ausrichtung erzielte bessere Konsistenz.

Durch Ausrichtung wirken Sie intelligenter

Es stimmt. Es sind Ihre Folien. Wenn diese schlampig und unklar wirken, ist die logische Folge für viele Betrachter, dass Sie ebenfalls schlampig und konfus sind oder dass Ihre Informationen nicht fundiert sind. Dies ist keine bewusste Entscheidung des Publikums – es passiert einfach. Also seien Sie intelligenter und wirken Sie intelligenter. Richten Sie die Objekte aus!

Auch hier hat keines der fünf Elemente auf der Folie irgendeine Beziehung zu einem anderen Element.

Nun können Sie Linien zwischen den Elementen ziehen und prüfen, wie diese miteinander verbunden sind. Sie sehen auch, dass ich das Bild von Jago beschnitten habe, so dass ich ihn größer darstellen konnte.

Testen wir auch, wie die Folie ohne schwarzen Hintergrund aussieht. Hm, sie scheint etwas leichter lesbar. (Dunkler Text auf einem hellen Hintergrund ist immer leichter lesbar.)

Bildquelle: commons.WikiMedia.org

Ausrichtung eignet sich wunderbar zur Organisation

Ausrichtung ist die wichtigste einzelne Regel, um das Material auf Ihren Folien visuell zu organisieren.

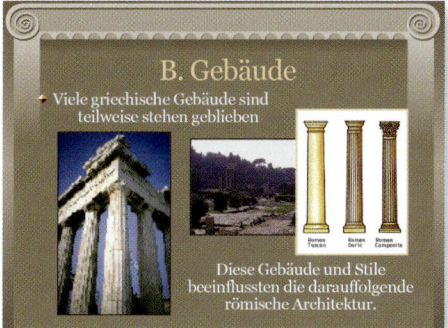
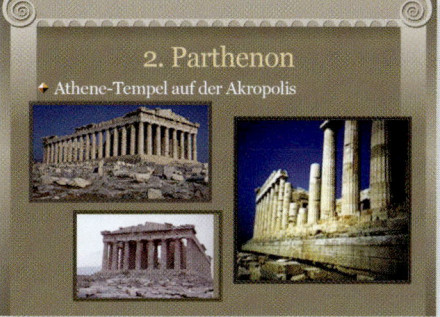

Ich hoffe, dass Sie mittlerweile **sehen,** dass nichts mit etwas anderem auf den Folien ausgerichtet oder verbunden ist – es ist ein zufälliges Durcheinander.

Ich persönlich würde auf diesen Hintergrund verzichten; aber dem Präsentator scheint er zu gefallen. Also arbeiten wir mit ihm, statt einfach so Elemente daraufzuklatschen; wir wollen innerhalb der vom Hintergrund erzeugten Begrenzungen bleiben.

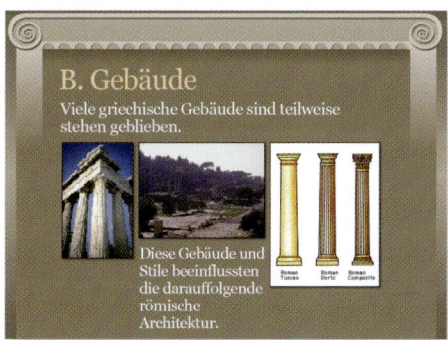
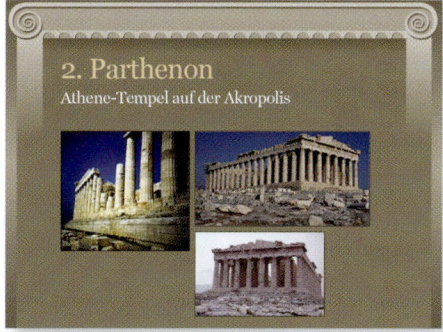

Nun ist jedes an einem anderen Element ausgerichtet. Nehmen Sie sich einen Moment Zeit, die Ausrichtungen sowohl auf den Einzelfolien als auch folienübergreifend mit einem Stift einzuzeichnen.

Ich habe den einzelnen Aufzählungspunkt auf den beiden Folien entfernt. Wenn es nur einen Aufzählungspunkt gibt – wozu sollte er gut sein?

Alle Bilder habe ich mit demselben 1-Punkt-Rahmen versehen (Wiederholung). (Außerdem reduzierte ich die Größe der für die aktuelle Skalierung zu niedrig aufgelösten Bilder.) Zwischen den Grafiken befindet sich nun auf allen Folien derselbe Zwischenraum (Wiederholung und Ausrichtung).

Brechen Sie die Ausrichtung – bewusst

Wenn Sie Ihre Präsentation entwickeln, stellen Sie möglicherweise fest, das Sie die Ausrichtung ändern müssen, damit sie auf allen Folien konsistent ist. Informieren Sie sich, wie Sie in Ihrer Software Musterseiten einrichten, die zu Ihrem Material passen. PowerPoint verhält sich bezüglich der Schriftgrößen und -platzierung oft recht eigenmächtig. Ich möchte Sie daher noch einmal darauf hinweisen, sich mit der Bedienung Ihrer Software zu beschäftigen, zu erlernen, wie man PowerPoint kontrolliert – lassen Sie sich nicht von PowerPoint kontrollieren (in Kapitel 12 erhalten Sie einige Tipps).

 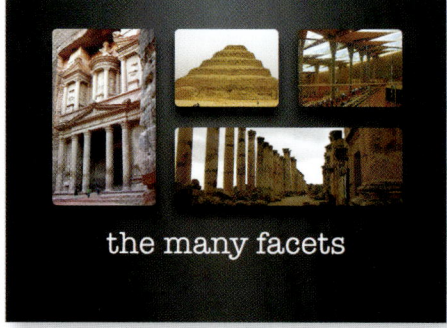

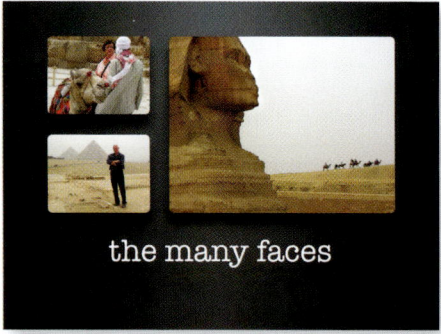 

Nun passen alle Bilder hübsch an die vorgesehenen Stellen, aber – siehe da! – nun möchten Sie mit dem letzten Foto etwas Besonderes anstellen. Das ist toll! Solange Sie eine solide Grundlage haben, die Ihre Präsentation zusammenhält, können Sie daraus ausbrechen.

Manchmal gibt es ein paar Folien, die nicht in die von Ihnen eingerichtete Ausrichtung passen und das ist OK. Haben Sie eine deutliche Ausrichtung auf den Folien, wird eine *bewusste* Abweichung von der Ausrichtung absichtlich und nicht zufällig und chaotisch *aussehen*. Das gibt Ihnen nicht die Lizenz, willkürlich zu ignorieren, wie Sie die Elemente auf der Folie platzieren – Sie müssen exakt in Worte fassen können, warum Sie bewusst von der Ausrichtung für diese bestimmte Folie abgewichen sind und warum das in Ordnung ist.

10 Nähe

Wenn verschiedene Elemente auf der Folie dicht beieinander- oder weiter auseinanderliegen, weiß der Betrachter sofort, ob diese Elemente miteinander verwandt sind oder nicht. Der Raum zwischen den einzelnen Elementen ist für unser unmittelbares Verständnis wichtig.

Je näher sich die Elemente *physisch* sind, desto näher scheinen sie *vom Sinn her* beieinanderzuliegen. Elemente, die weiter auseinanderliegen, werden sinngemäß voneinander getrennt. Beachten Sie dies bei der Ausrichtung von Elementen auf der Folie.

Wie viele Einzelelemente befinden sich auf dieser Folie? Durch den Leerraum zwischen jeder Zeile scheint es vier einzelne Informationen zu geben, die nichts miteinander zu tun haben.

Wenn wir diese Elemente einfach näher aneinanderrücken, verringern wir die Anzahl von Einzelelementen auf dieser kleinen Folie von vier auf zwei.

Und selbst wenn diese Folie in einer fremden Sprache wäre, würden wir sofort sehen, dass sie ein Thema und einen Untertitel enthält.

Beziehungen schaffen

Nähe schafft Beziehungen. Wir nehmen automatisch an, dass dicht beieinanderliegende Elemente eine Verbindung zueinander haben. Achten Sie bei der Gestaltung Ihrer Folien darauf. Denken Sie an menschliche Wesen und wie wir die Beziehungen zweier Menschen anhand ihrer Nähe zueinander einschätzen. Achten Sie in einer Menschengruppe das nächste Mal bewusst darauf, wer eine Beziehung zu wem hat und woher Sie das wissen. Wenden Sie diesen Gedanken auf die Informationen auf Ihrer Folie an – wo sind Beziehungen vorhanden? Kombinieren Sie Nähe mit Ausrichtung und Sie können nicht falsch liegen. Ihre Folien sehen dann nicht nur hübscher aus, sondern die Informationen präsentieren sich klarer.

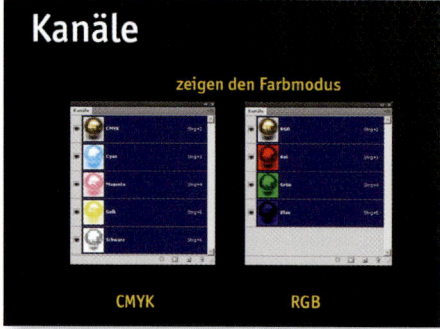

Die Unterüberschrift im oberen Bereich befindet sich näher an der Grafik als an der Überschrift. Und die Beschriftungen »RGB« und »CMYK« sind zu weit entfernt.

Diese Folie wirkt geordnet und kommuniziert schnell und einfach, weil der Nähe der Elemente (und ihrer Ausrichtung) Aufmerksamkeit geschenkt wurde.

Platzieren Sie die Elemente nicht einfach zufällig auf der Folie! Gruppieren Sie die Elemente, die zusammengehören.

Nun müssen Ihre Augen nicht mehr über die ganze Seite wandern, um sicherzustellen, dass Sie alle Elemente entdeckt haben. Sehen Sie auch die (zentrierte) Ausrichtung, die für diese Folie verwendet wurde?

Leerraum ist in Ordnung

Manchmal versuchen Präsentierende, Leerräume mit Text auszufüllen. Das ist nicht notwendig. Ihre Folien dürfen Leerraum oder »Weißraum« enthalten. *Organisierter* Weißraum ist sogar ein Merkmal professionellen Grafikdesigns, wenn dieser genauso bewusst eingesetzt wird wie die Designelemente selbst. Sie müssen sich keine Gedanken darüber machen, wo sich Ihr Weißraum befindet – *er wirkt geordnet und befindet sich an der richtigen Stelle, wenn Sie den vier Grundprinzipien folgen.* Beachten Sie den Weißraum in den Beispielen unten. Sie sehen, dass durch das Prinzip der Nähe auch der Weißraum organisiert wird, ohne dass Sie darüber nachdenken müssen. Sie müssen den Leerraum nur dort lassen.

Nächste Schritte

- Komplette Systemanalyse am 31. August

- Finanzielles Analysesystem am 15. Okt.

- Mitarbeitertraining am 20. Nov.

- Migration neues System 1. Jan.

Sehen Sie den Leerraum? Erkennen Sie, dass er die einzelnen Elemente auseinanderdrängt? Sogar die Aufzählungspunkte sind zu weit von vom Text entfernt.

Nächste Schritte

- Komplette Systemanalyse am 31. August
- Finanzielles Analysesystem am 15. Okt.
- Mitarbeitertraining am 20. Nov.
- Migration neues System 1. Jan.

Nun ist der Leerraum organisiert. Sie mussten dazu nichts tun – der Leerraum hat sich selbst organisiert, als Sie die Elemente näher aneinanderrückten.

Nächste Schritte

- Komplette Systemanalyse am 31. August

- Finanzielles Analysesystem am 15. Okt.

- Mitarbeitertraining am 20. Nov.

- Migration neues System 1. Jan.

Mir ist klar, dass die Informationen bei Verwendung einer PowerPoint-Vorlage möglicherweise automatisch auf diese Weise verteilt werden. Aus diesem Grund sollten Sie Ihre Software erlernen, damit diese tut, was SIE möchten (siehe Kapitel 12).

Nächste Schritte

- Komplette Systemanalyse am 31. August
- Finanzielles Analysesystem am 15. Okt.
- Mitarbeitertraining am 20. Nov.
- Migration neues System 1. Jan.

Es ist in Ordnung, wenn sich auf der Folie viel Weißraum befindet. Sie sollten nicht versuchen, den Leerraum durch Textverteilung auszufüllen (das funktioniert sowieso nicht).

Vermeiden Sie *eingeschlossenen* Weißraum

Wenn Sie Nähe mit Ausrichtung kombinieren, können Sie sicherstellen, dass Sie keinen »eingeschlossenen« Weißraum erhalten. Das ist Leerraum, der zwischen zwei Objekten eingeschlossen ist. Weißraum muss fließen können, er benötigt einen Ausgang. Wenn Sie ihn einschließen, werden die Objekte auseinandergedrängt, wie Sie im vorigen Beispiel gesehen haben.

Eine sehr häufige Designsituation sehen Sie auf der folgenden Seite. Hier liegen ein Text und ein Foto nebeneinander. Das Foto hat eine ausgeprägte Ausrichtung – beide Kanten sind gerade und klar. Wenn der Text nicht gerade zentriert ist, hat er eine starke Ausrichtung an *einer* Kante (normalerweise an der linken Seite).

Die Fotos weisen ausgeprägte und gerade vertikale Linien auf. Der linksbündige Text hat eine starke Ausrichtung an seiner linken Kante. Der Flattersatz an der rechten Kante erzeugt »eingeschlossenen« Weißraum zwischen Text und Foto.

Wir richten die ausgeprägten Linien (die gerade Textkante und die gerade Bildkante) aneinander aus und erreichen damit, dass der Weißraum bis zur Seitenkante reicht. Und unser Design wird verstärkt, weil wir statt frei angeordneter, zufälliger Einzelelemente Informationsgruppen erzeugt haben.

Wenn Sie die Stärken *kombinieren, kombinieren* Sie die Ausrichtungen – richten Sie den ausgeprägten Teil jedes Objekts an dem ausgeprägten Teil des anderen Objekts aus – so erreichen Sie gleichzeitig zwei Ziele: Sie vermeiden eingeschlossenen Weißraum und Sie verstärken Ihr Layout.

Nähe räumt auf und organisiert

Durch in entsprechenden Gruppen angeordnete Elemente wirkt Ihre Folie sofort aufgeräumt, die Informationen lassen sich leichter zusammenfassen.

Achten Sie immer darauf, wie oft Ihr Auge von einem Element auf der Folie zum anderen springen muss. Beachten Sie Ihre Augenbewegungen, während Sie die linke Folie auf der nächsten Seite betrachten. Merken Sie, dass Ihre Augen immer noch umherwandern und sich vergewissern, dass sie alles gesehen haben, nachdem Sie sich alle fünf Elemente angesehen haben? Können Sie sich vorstellen, wie derweil jemand einen Vortrag hält und Sie Notizen machen müssen?

Achten Sie nun auf Ihre Augenbewegungen, während Sie sich die rechte Folie ansehen. Merken Sie, dass Ihr Auge an den Informationen nach unten gleitet? Ihr Gehirn beschäftigt sich nicht mit eventuell fehlenden Teilen, weil Sie wissen, dass Sie alles mitbekommen haben. Durch das Kombinieren und Trennen entsprechender Elemente erzielen Sie eine klare Kommunikation.

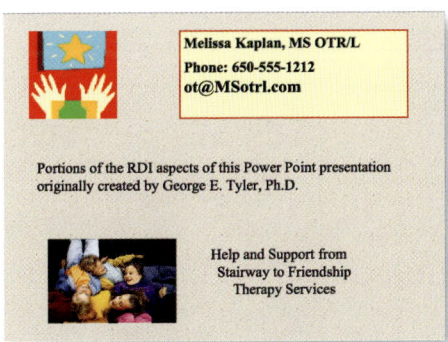

Wie viele Elemente befinden sich auf dieser kleinen Folie? **Sehen die Elemente aus,** als hätten sie etwas miteinander zu tun? Gibt es Elemente, die vom Sinn her miteinander verbunden **sein sollten?**

Offensichtlich habe ich hier nicht nur Elemente gruppiert. **Die weiteren Änderungen fanden allerdings während der Gruppierungsarbeiten statt.** Ich entfernte den Rahmen, der die gelbe Fläche einschloss, und skalierte die Elemente je nach ihrer Wichtigkeit. Außerdem änderte ich die Schrift von Times New Roman in Boton.

Nähe ist ein Ausgangspunkt

Alle vier Grundprinzipien (Kontrast, Wiederholung, Ausrichtung und Nähe) arbeiten zusammen; Nähe ist jedoch ein hervorragender Ausgangspunkt. Suchen Sie die Beziehungen zwischen den Elementen auf der Seite und gruppieren Sie sie entsprechend. Schaffen Sie Leerraum zwischen Elementen, die Ihr Publikum als Einzelelemente sehen soll. Von nun an sollten Sie beim Gestalten der Präsentation die übrigen Prinzipien und ihr Zusammenspiel mit der Gesamtpräsentation beachten.

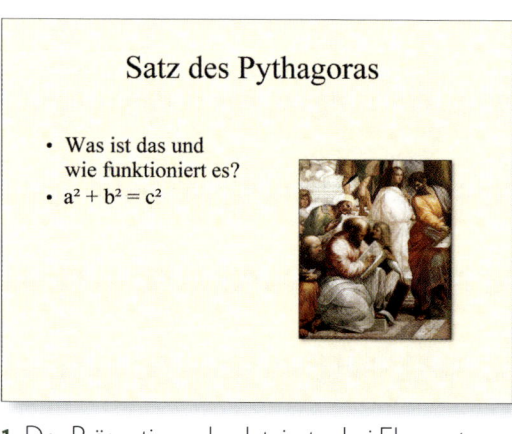

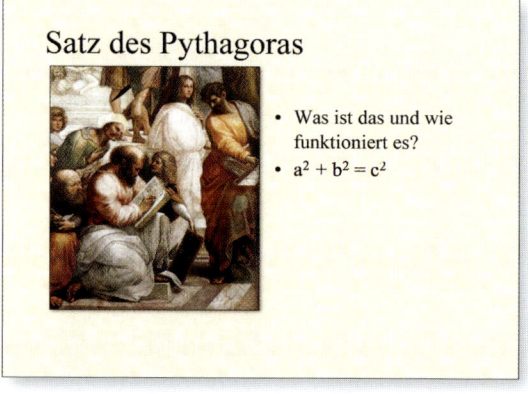

1. Der Präsentierende platzierte drei Elemente zufällig auf der Folie. Sie haben keine Verbindung zueinander.

2. Beginnen wir damit, dass wir die Elemente gruppieren und ausrichten. Wie wäre es, wenn wir das schöne Bild vergrößern? Nun haben wir eine klare Informationseinheit.

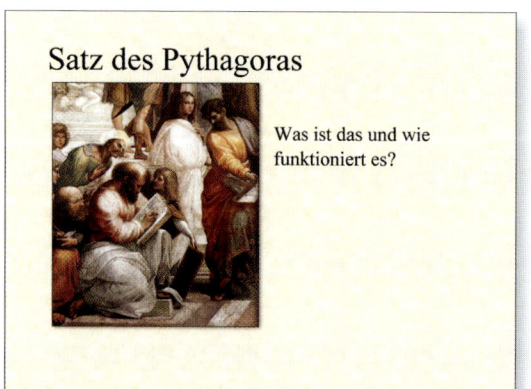

3. Benötigen wir diese Aufzählungspunkte wirklich? Wenn wir sie entfernen, können wir unnötiges Beiwerk beseitigen und die Elemente näher am Bild platzieren. Etwas mehr Raum zwischen den Absätzen hilft uns, die beiden einzelnen Gedanken zu definieren.

4. Statt der Standardschrift Times New Roman verwenden wir eine visuell interessantere Schrift für den Folientitel. Wählen Sie für den Textkörper eine saubere, serifenlose Schrift – um Klarheit zu schaffen und um einen Konflikt zwischen den beiden Schriften zu vermeiden.

Die Regeln anwenden

Diese Prinzipien führen zu einer *Gestalt,* in der das Einzelne mehr ist als die Summe seiner Teile. Das heißt, dass die *gemeinsame* Verwendung all dieser Prinzipien wichtiger ist und einen größeren Effekt erzielt, als wenn Sie nur ein Prinzip anwenden würden.

Beachten Sie Folgendes:

Kontrast bedeutet nicht, dass alles groß ist – es bedeutet, dass es einen Kontrast *zwischen den Elementen* gibt. Das Ziel dabei ist, Klarheit zu schaffen.

Wiederholung bedeutet nicht, dass alles gleich aussieht – es bedeutet, dass Sie Ihre Folien visuell durch ein *konsistentes* Aussehen verbinden.

Ausrichtung bedeutet nicht, dass alles auf *einer* Linie ausgerichtet ist – sie bedeutet, dass jedes Element auf der Folie eine *visuelle Verbindung* zu einem anderen Element hat und dass die Elemente auf den Folien eine konsistente visuelle Organisation (die sich in eine intellektuelle Organisation übersetzt) einhalten.

Nähe bedeutet nicht, dass *alles* nahe beieinander liegt – sie bedeutet, dass Elemente, die näher beieinander liegen, Informations*gruppen* bilden und damit Klarheit schaffen.

Auf den Seiten 196–197 finden Sie Checklisten, wo Sie beginnen und woran Sie bei der Zusammenstellung Ihrer Präsentation denken sollen. Die folgenden Seiten zeigen eine wundervolle Präsentation von Paul Isakson, die alle genannten Prinzipien enthält und ein spannendes und provokatives Erlebnis bietet.

Benennen Sie die verwendeten Prinzipien

Dieser Teil einer Präsentation von Paul Isakson (PaulIsakson.com, auf seiner Site veröffentlicht und mit seiner Erlaubnis abgedruckt) ist ein wunderbares Beispiel dafür, dass die in diesem Buch umrissenen konzeptuellen und visuellen Prinzipien Ihr Design nicht einschränken, sondern Ihre Ideen befreien und Ihre Gedanken auf spannende Weise unterstützen.

Auf den folgenden Seiten sehen Sie das erste Drittel der Präsentation. Paul glaubt fest daran, dass ein einziges Folienlayout nicht für alle Folien geeignet ist – er passt jede Präsentation individuell an, so dass sie zum speziellen Publikum und zum jeweiligen Zweck passt.

Als Sehübung fassen Sie in Worte, was Paul mit diesen Folien getan hat.

Klarheit:	Warum wirkt der Text knapp und klar?
Bedeutung:	Warum wirken die Bilder passend, die Texte zielgerichtet?
Animation:	Gibt es Stellen, an denen Animationen oder Übergänge effektiv genutzt werden könnten?
Handlung:	Achten Sie darauf, wie die Handlung beginnt und wie sie endet. Werden menschliche Gefühle mit einbezogen? Ist die Handlung geordnet?
Kontrast:	Stellen Sie Kontraste von Schrift, Farbe, Größe, Ausrichtung usw. heraus.
Wiederholung:	Stellen Sie eine Liste der wiederkehrenden Elemente – Farben, Ausrichtungen, Bilder, Schriften, Schriftgrößen usw. – zusammen.
Ausrichtung:	Obwohl in dieser Präsentation einiges los ist, finden Sie in der gesamten Präsentation sehr klare Ausrichtungen. Ziehen Sie Linien, um die Elemente zu verbinden.
Nähe:	Achten Sie darauf, wo Informationen in Gruppen angeordnet sind.

Obwohl dieser Teil der Gesamtpräsentation online als Stand-alone-Produkt veröffentlicht wurde, können Sie sich sicherlich vorstellen, dass Pauls lebhafter und aufschlussreicher Vortrag seine Botschaft unterstützt und die Folien seine Erfahrung und Kompetenz unterstreichen, wenn er die Präsentation persönlich abhält.

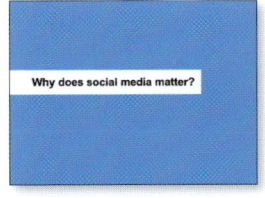

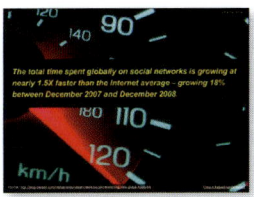

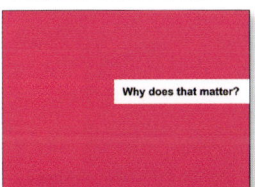

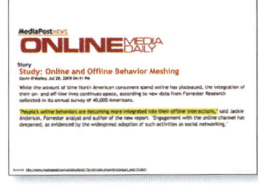
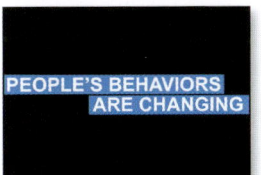

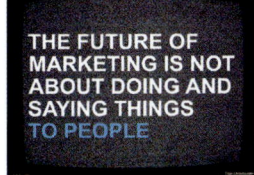

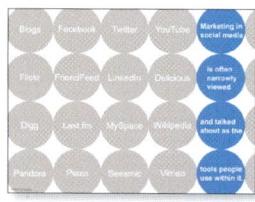

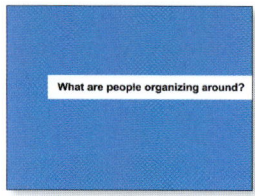
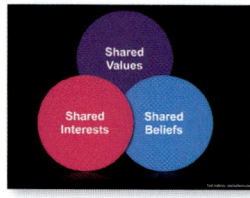
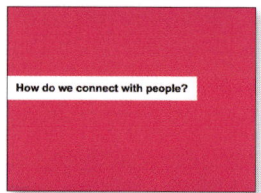
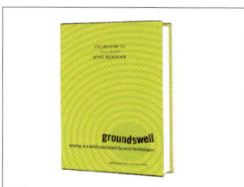
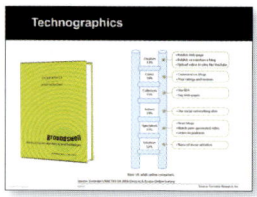
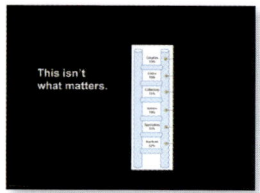

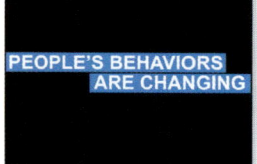
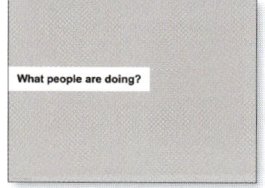

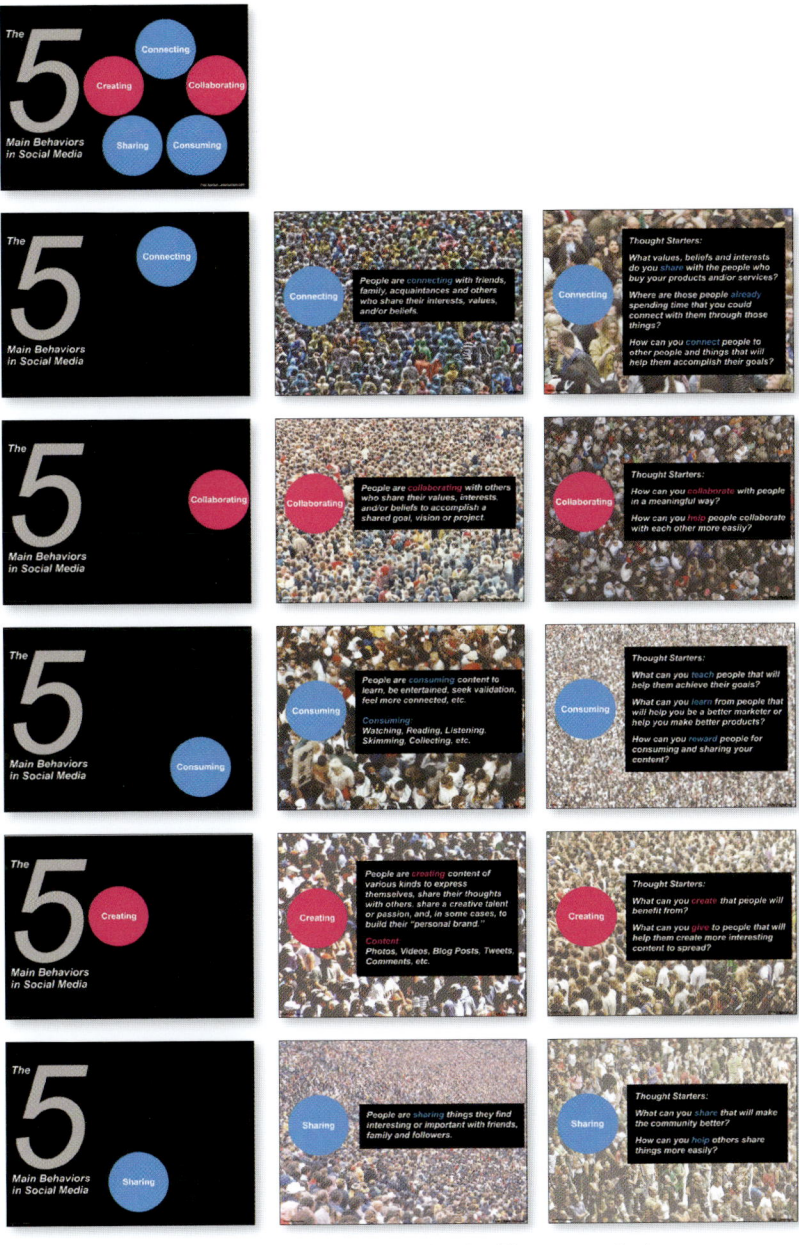

In diesem Abschnitt erkennen Sie ganz klar die Elemente, die kontrastiert, wiederkehrend, ausgerichtet und mithilfe von Nähe gruppiert sind. Obwohl sich das Format der Folien von den anderen Folien in diesem Präsentationsabschnitt unterscheidet, können Sie die Wiederholung der Farben, Schriften und Bilder erkennen, wodurch die Folien optisch mit dem Hauptthema verbunden werden.

Wie fügen sich die restlichen Folien in den Rest der Präsentation ein? Seien Sie genau – nennen Sie Namen.

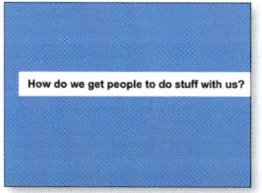  

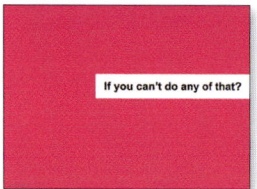 

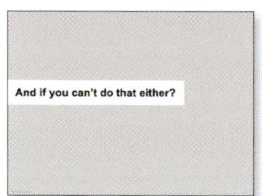   

Erkennen Sie die ausgezeichnete Verwendung des Prinzips der Wiederholung (Einheit mit Vielfalt), um eine große Anzahl Einzelelemente über die 67 Folien hinweg miteinander zu verbinden?

Beachten Sie, wie sich der Kreis schließt – er kommt zum Schluss, lässt uns wissen, dass das Ende der Präsentation erreicht ist, fügt die Teile zusammen und verabschiedet sich.

Künftig wird man große Marketingfachleute
nicht daran messen, wie gut sie ihrem Publikum
Geschichten erzählen, sondern wie gut ihr Publikum
ihnen Geschichten über sich selbst erzählt.

Tim Smith

TEIL IV

AbSCHLIESSENDE GEDANKEN

design **zum** PRÄSENTATIONS-

ÜBER DIE GRUNDLAGEN HINAUS

Der Satz »Gib dich nicht mit Kleinkram ab« stammt wahrscheinlich von jemandem, der keine besonders guten Präsentationen hält. Die kleinen Dinge – wie man die Absatzabstände in der Software einrichtet und wie man während des Vortrags genau die richtige Beleuchtung erzielt – können die Wirkung einer Präsentation stark beeinflussen.

Vorbereitung ist besser als
Optimismus.

John Tollett

12 Erlernen Sie Ihre Software

Es ist nicht möglich, Folien korrekt zu gestalten, wenn man mit der dafür verwendeten Software nicht umgehen kann. Natürlich können Sie den Text und die Grafiken auf den Folien platzieren und sie umherbewegen, aber Sie müssen wissen, wie Sie die Elemente *kontrollieren* können, damit Sie wirklich das gewünschte Aussehen erzielen.

Es gibt viele Bücher, die Ihnen beibringen, wie Sie das gewünschte Programm anwenden. Es gibt jedoch verschiedene Funktionen, die so wichtig für die Gestaltung Ihrer Folien sind, dass ich sie Ihnen unbedingt jetzt schon zeigen möchte.

Ich kann keine Anleitungen für alle unterschiedlichen Software-Programme und sämtliche verschiedenen Versionen liefern. In diesem Kapitel erhalten Sie konkrete Anweisungen für die beim Schreiben dieses Buchs aktuellen Versionen: PowerPoint 2007 auf dem PC, PowerPoint 2008 auf dem Mac und Keynote '09 auf dem Mac. Wenn Sie ein anderes Programm nutzen, hoffe ich, dass Sie die entsprechenden Einstellmöglichkeiten in Ihrer eigenen Software finden, sobald Sie wissen, wonach Sie suchen müssen.

AutoAnpassung ausschalten

Eine der wichtigsten Vorbereitungen **in PowerPoint** ist das **Ausschalten der Autoanpassungsfunktion**. Diese Funktion passt Ihre Schriftgröße automatisch an, wenn Sie etwas in einen Textrahmen eingeben oder die Größe des Rahmens ändern; diese Funktion macht ein folienübergreifendes konsistentes Aussehen fast unmöglich – wenn der Text automatisch angepasst wird, erhält jede Folie eine andere Schriftgröße und einen anderen Zeilenabstand.

So schalten Sie die Autoanpassung in PowerPoint 2007 auf dem PC bzw. in PowerPoint 2008 auf dem Mac aus:

1   Markieren Sie den Rahmen (den *Umriss* um den Text).

2   Klicken Sie mit der rechten Maustaste[1] direkt auf den Umriss und wählen Sie »Form formatieren« im unteren Bereich des Kontextmenüs. (Ist dieser Kontextmenübefehl nicht vorhanden, ist der *Textrahmen* nicht markiert; versuchen Sie es in diesem Fall noch einmal.)

3   Im angezeigten Dialogfeld (siehe unten) klicken Sie auf das Optionsfeld »Größe nicht automatisch anpassen«.

4   Schließen Sie das Dialogfeld.

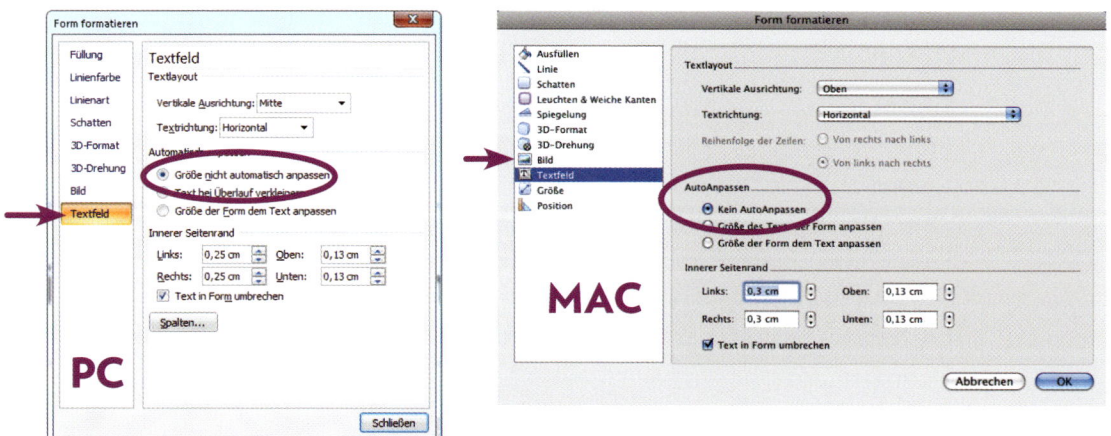

Stellen Sie sicher, dass die Option »Textrahmen« im linken Teilfenster aktiviert ist.

---

1 *Wenn Sie am Mac keine Zweitastenmaus haben, halten Sie die Ctrl-Taste gedrückt und klicken Sie direkt auf den Rahmen, um das Kontextmenü zu öffnen.*

ODER:

Auf dem Mac öffnen Sie mit einem Doppelklick auf den Rand eines Textrahmens das oben gezeigte Dialogfeld. *Alternativ* öffnen Sie das Format-Menü und wählen »Form…«.

Auf dem PC wird während der Eingabe an der linken unteren Ecke des Textrahmens ein kleines Symbol (siehe unten) angezeigt. Klicken Sie dieses an und wählen Sie »Kein automatisches Anpassen dieses Platzhalters«.

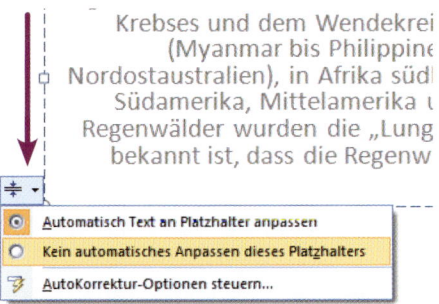

Text oben ausrichten

Der Text wird im Textrahmen nicht nur *horizontal* wie im Textverarbeitungs-programm (linksbündig, zentriert oder rechtsbündig) ausgerichtet, sondern auch *vertikal.* Der Text sitzt am oberen Rand des Rahmens, in der Mitte oder am unteren Rand:

Vertikale Ausrichtung: linksbündig

Vertikale Ausrichtung: zentriert

Vertikale Ausrichtung: unten

Wenn der Text standardmäßig in der *vertikalen* Mitte des Textrahmens ausgerichtet wird, wird eine folienübergreifende Ausrichtung der Textrahmen fast unmöglich. Also müssen Sie wissen, wie Sie die Ausrichtung erkennen und im Bedarfsfall ändern. Meistens wünschen Sie aus Gründen der Konsistenz eine Ausrichtung am **oberen** Rand.

Um die vertikale Ausrichtung in PowerPoint zu ändern, befolgen Sie die Schritte 1 und 2 auf der vorigen Seite. Im oberen Bereich derselben Dialogfelder finden Sie Pop-up-Menüs, mit denen Sie die »Vertikale Ausrichtung« ändern können.

In Keynote klicken Sie in den Textrahmen, den Sie ausrichten möchten. Öffnen Sie das Fenster »Informationen« (klicken Sie auf das »i«-Symbol in der Symbolleiste oder wählen Sie aus dem Menü »Darstellung« den Befehl »Informationen einblenden«). Im Fenster »Informationen« klicken Sie auf das **T**, um das Text-Bedienfeld zu öffnen. Hier klicken Sie auf das entsprechende Symbol in der Gruppe, die ich in der folgenden Abbildung eingekreist habe.

Die eingekreisten Symbole dienen zur vertikalen Textausrichtung.

Die Abstände einstellen

Die Einstellung der **Abstände** zwischen den Zeichen, Zeilen, Absätzen und von den Aufzählungszeichen zum Text macht bei professionell gestaltetem Text einen großen Unterschied. Aus diesem Grund sollten Sie unbedingt lernen, wie Sie Abstände kontrollieren können.

Den Abstand zwischen den Zeilen anpassen

Wenn Sie den Abstand zwischen den Textzeilen erhöhen, wird der Text oft sehr viel besser lesbar.

40 bis 75 Prozent aller Arten auf der Erde stammen aus dem Regenwald. Regenwälder sind für 28 Prozent des weltweiten Sauerstoffumsatzes verantwortlich. Der Umsatz wechselt zwischen der Photosynthese aus Kohlendioxid und dem Ausatmen von Kohlendioxid. Es gibt zwei Regenwaldarten: tropisch und gemäßigt.

40 bis 75 Prozent aller Arten auf der Erde stammen aus dem Regenwald. Regenwälder sind für 28 Prozent des weltweiten Sauerstoffumsatzes verantwortlich. Der Umsatz wechselt zwischen der Photosynthese aus Kohlendioxid und dem Ausatmen von Kohlendioxid. Es gibt zwei Regenwaldarten: tropisch und gemäßigt.

Können Sie erkennen, dass der Text durch etwas mehr Zeilenabstand viel leichter lesbar wird?

In PowerPoint wählen Sie den Text aus. Klicken Sie mit der rechten Maustaste in den Text und wählen Sie »Absatz…« aus dem angezeigten Kontextmenü. (Wenn Sie am Mac nur eine Maustaste haben, klicken Sie mit gedrückter Ctrl-Taste an beliebiger Stelle in den Text.)

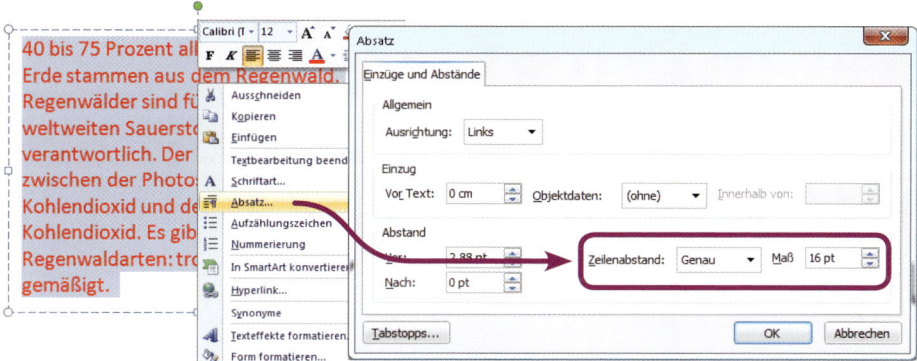

Verwenden Sie die Optionen neben »Zeilenabstand«. Wenn Sie, wie oben gezeigt, »Genau« wählen, können Sie einen genauen Wert für den Abstand angeben:

Fügen Sie der Punktgröße Ihrer Schrift die gewünschte Anzahl Punkte hinzu, um den Abstand zwischen Zeilen *hinzuzurechnen.* Wenn Ihre Schriftgröße beispielsweise 12 beträgt und Sie 4 Punkt Zeilenabstand wünschen, geben Sie – wie oben gezeigt – 16 ein (12 plus 4).

In Keynote öffnen Sie das Fenster »Informationen« und dann die Textpalette (wie auf der vorigen Seite erklärt) und passen Sie den »Zeilen«-Regler an.

Wählen Sie die gewünschte Methode aus diesem winzigen Menü.

Den Abstand zwischen Absätzen anpassen

Am Computer wird bei jedem Druck auf die Eingabe- oder Enter-Taste ein Textabsatz erzeugt. Sie sind vielleicht der Meinung, dass beispielsweise eine Adresse aus drei *Zeilen* besteht. Der Computer betrachtet dies jedoch als drei *Absätze*. Jede Zeile in einer Aufzählung wird ebenfalls als einzelner Absatz behandelt. Um also den Abstand zwischen Absätzen festzulegen, müssen Sie den *Absatzabstand* »vor« und »nach« einstellen, *nicht* den Zeilenabstand.

Ein kleiner Fisch ging auf den Markt.
Zwei kleine Fische blieben zuhause.
Ein kleiner Fisch aß Bohnensuppe.
Der blaue kleine Fisch aß nichts.

Ein kleiner Fisch ging auf den Markt.

Zwei kleine Fische blieben zuhause.

Ein kleiner Fisch aß Bohnensuppe.

Der blaue kleine Fisch aß nichts.

Wenn Sie den **Zeilenabstand** einstellen, wird der Abstand zwischen *allen* Zeilen vergrößert.

Wenn Sie den **Absatzabstand** einstellen, bleiben die *Zeilen* unverändert und der Abstand (vor) oder unter (nach) dem *Absatz* wird vergrößert.

*Sie sollten **niemals** die Eingabe- oder Enter-Taste zweimal drücken, um den Abstand zwischen den Absätzen zu vergrößern!* Damit erhalten Sie einen unansehnlichen und unnötig großen Abstand.

In PowerPoint markieren Sie *alle Absätze,* deren Abstände Sie vergrößern möchten. Klicken Sie mit der rechten Maustaste in den Text und wählen Sie »Absatz… « (oder klicken Sie mit gedrückter Ctrl-Taste, wenn Sie am Mac eine Eintastenmaus nutzen). Verwenden Sie die Felder »Abstand vor« und »Abstand nach«.

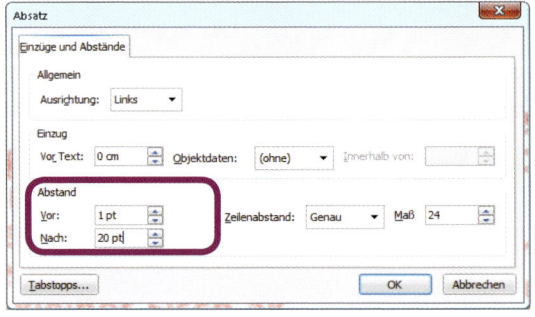

»Absatz vor« vergrößert den Abstand *über* dem **ausgewählten** Absatz. Sie können damit den Textkörper von der vorhergehenden Überschrift absetzen.

»Absatz nach« vergrößert den Abstand *unter* dem ausgewählten Absatz.

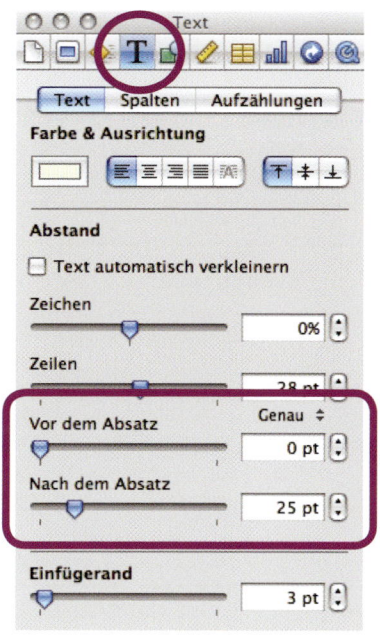

In Keynote:

1 Markieren Sie *alle Absätze* im Textrahmen, deren Abstände Sie vergrößern möchten.

2 Öffnen Sie das Fenster »Informationen« (aus dem Menü »Darstellung«). Wählen Sie dazu »Informationen einblenden« und klicken Sie auf das **T**, um die Textpalette anzuzeigen.

3 Ziehen Sie die Regler »Vor dem Absatz« *oder* »Nach dem Absatz« bzw. geben Sie einen Wert in das Feld ein.

Passen Sie den Abstand zwischen Aufzählungszeichen und Text an

Es kommt Ihnen vielleicht etwas pingelig vor; aber wenn Sie die Schrift auf der Folie tatsächlich *erkennen* können, nehmen Sie auch den Abstand zwischen den Aufzählungszeichen und dem Text wahr. In verschiedenen Programmen sind die Aufzählungszeichen standardmäßig zu weit vom Text entfernt oder zu nah an diesem. Sie können dies jedoch anpassen.

- Ein kleiner Fisch ging auf den Markt.
- Zwei kleine Fische blieben zuhause.
- Ein kleiner Fisch aß Bohnensuppe.
- Der blaue kleine Fisch aß nichts.

- Ein kleiner Fisch ging auf den Markt.
- Zwei kleine Fische blieben zuhause.
- Ein kleiner Fisch aß Bohnensuppe.
- Der blaue kleine Fisch aß nichts.

Die Aufzählungspunkte befinden sich im linken Beispiel zu weit vom Text entfernt. Rechts hat jeder Aufzählungspunkt eine Verbindung zum zugehörigen Text.

In PowerPoint könnte man meinen, dass man zum Anpassen des Abstands zwischen den Aufzählungszeichen und dem Text die Palette »Aufzählungszeichen und Nummerierung« verwenden müsste. Das ist nicht so. Sie benötigen die unten gezeigte »Absatz«-Palette. *Wählen Sie den Text aus, den Sie formatieren möchten,* und klicken Sie mit der rechten Maustaste (oder mit gedrückter Ctrl-Taste am Mac) und wählen Sie »Absatz…«.

Wenn Ihre Aufzählung wie auf der vorigen Seite aus Einzeilern besteht, gehen Sie folgendermaßen vor:

1   In das Feld »Vor Text« geben Sie 0 (Null) ein.

2   Aus dem Menü »Objektdaten« wählen Sie »Erste Zeile«.

3   In das Feld »Innerhalb von« geben Sie einen niedrigen Wert ein, um den Text ein klein wenig nach rechts zu versetzen.

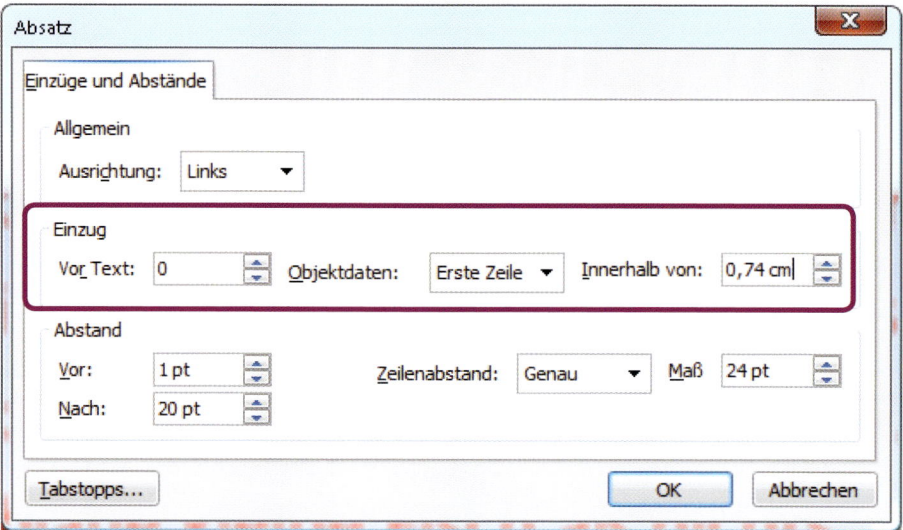

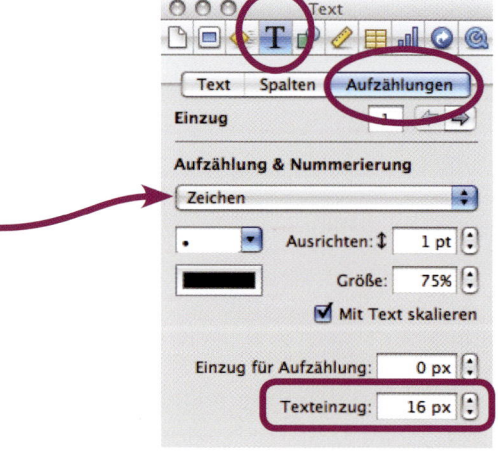

In Keynote:

1 Markieren Sie den gewünschten Text.

2 Im Fenster »Informationen« klicken Sie auf das **T**-Symbol.

3 Klicken Sie auf das Register »Aufzählungen«.

4 Wählen Sie einen Aufzählungstyp aus dem Menü.

5 Im Feld »Texteinzug« klicken Sie auf den Aufwärtspfeil, bis die erste Textzeile um den erforderlichen Wert nach rechts verschoben wird. Je größer die Schrift ist, desto höher muss dieser Wert sein.

Richten Sie eine hängende Aufzählung ein

Besonders wichtig ist, dass bei mehrzeiligen Aufzählungspunkten der Text an den anderen Textzeilen ausgerichtet sein muss. Das heißt, dass der Text *nicht* unter dem Aufzählungszeichen beginnen sollte; das Aufzählungszeichen sollte vielmehr nach links »hängen«.

- Ein kleiner Fisch ging auf den Markt.
- Zwei kleine Fische blieben zuhause.
- Ein kleiner Fisch aß Bohnensuppe.
- Der blaue kleine Fisch aß nichts.

- Ein kleiner Fisch ging auf den Markt.
- Zwei kleine Fische blieben zuhause.
- Ein kleiner Fisch aß Bohnensuppe.
- Der blaue kleine Fisch aß nichts.

Links sehen Sie, wie unordentlich der Text aussieht, wenn er unter dem Aufzählungszeichen beginnt. Rechts wirkt die Aufzählung ordentlich und aufgeräumt.

In PowerPoint markieren Sie den gewünschten Text, klicken mit der rechten Maustaste und wählen »Absatz…« (am Mac klicken Sie mit gedrückter Ctrl-Taste in den markierten Text).

Um eine hängende Aufzählung zu erzeugen:

1   Aus dem Menü »Objektdaten« wählen Sie »Hängend«.

2   In das Feld »Innerhalb von« geben Sie einen niedrigen Wert ein, um den Text etwas nach rechts zu verschieben.

3   *Geben Sie denselben Wert* in das Feld »Vor Text« ein.

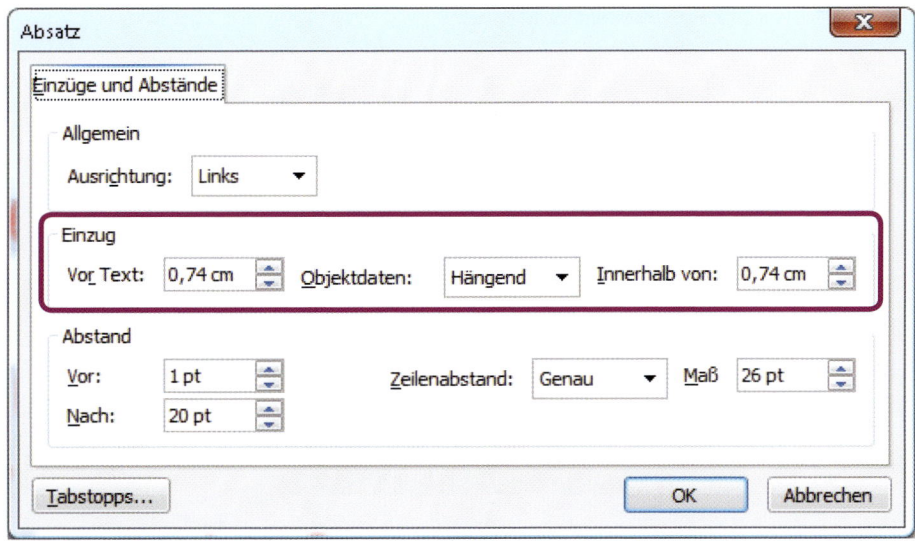

In **Keynote** folgen Sie der Anleitung auf der Seite 164 unten, um die Textpalette zu öffnen. Klicken Sie mehrmals auf den Aufwärtspfeil im Feld »Texteinzug«, um die *zweite* Textzeile nach rechts zu bewegen. Wenn die zweite an der ersten Zeile ausgerichtet ist, werden *beide Zeilen* gemeinsam nach rechts verschoben und sind ordentlich ausgerichtet.

Verzerren Sie keine Bilder

In **PowerPoint** lässt sich ein Bild leicht auf die falsche Weise skalieren und verzerren. Es gibt eine einfache Regel: Ändern Sie die Bildgröße über einen der Eckanfasser und *nicht* über einen der Kantenanfasser.

Wenn Sie einen der *Kanten*anfasser ziehen, wird das Bild verzerrt.

Foto: Laura Egley Taylor

Um ein Bild zu drehen, verwenden Sie diesen Griff.

Ziehen Sie einen *Eck*griff, um die Proportionen des Bilds beim Skalieren beizubehalten.

Keynote ist standardmäßig so eingestellt, dass das Bild beim Skalieren nicht verzerrt werden kann, egal, welchen Griff Sie ziehen.

Wenn Sie die Proportionen ändern *möchten*, öffnen Sie das Fenster »Informationen« und klicken Sie auf das Linealsymbol, um die Palette »Maße« zu öffnen. Deaktivieren Sie das Kontrollkästchen »Proportionen beibehalten«. Nun können Sie entweder eine spezifische Größe eingeben oder einen der Bildgriffe ziehen. (Um die Proportionen bei deaktiviertem Kontrollkästchen beizubehalten, halten Sie die Umschalt-Taste während der Größenänderung gedrückt.)

Um ein Bild zu drehen, halten Sie die Strg/Befehl-Taste gedrückt und ziehen einen Eckanfasser.

Handzettel

Handzettel sind ein wichtiger Teil der meisten Präsentationen. In manchen Fällen sind Handzettel nicht notwendig – vielleicht halten Sie ein Referat, das eher wie eine Rede mit visueller Unterstützung aufgebaut ist, oder es geht um einen philosophischen Kommentar mit vielen Diskussionsbeiträgen.

Meist möchten die Teilnehmer jedoch etwas Greifbares ins Büro oder nach Hause mitnehmen. Durch Handzettel kann das Publikum Ihrem Vortrag leichter folgen, Notizen machen und sich vorstellen, wie lang Ihre Präsentation dauern wird.

Wenn Ihre Präsentation Diagramme oder Tabellen enthält, erstellen Sie einen Handzettel, so dass die Diagramme für die Teilnehmer tatsächlich lesbar werden und diese sich Notizen darauf machen können.

Wenn Sie Handlungsanleitungen anbieten, erstellen Sie einen Handzettel (wir können in einem Vortrag gegebene Anleitungen kaum korrekt notieren).

Wenn es Kontaktinformationen, Ressourcen oder Webadressen gibt, erstellen Sie einen Handzettel – Sie sollten niemals erwarten, dass die Zuhörer eine komplexe Webadresse korrekt niederschreiben.

Die Handzettel sollten visuell mit Ihrer Folienpräsentation verbunden sein, so dass Ihr Publikum sich daran erinnert, wer Sie sind. Das heißt: Nehmen Sie dieselben Farben und Schriften, die Sie auch auf dem Bildschirm verwendet haben. Und Sie können Ihr Logo auf dem Handzettel platzieren; dies ist der perfekte und bevorzugte Ort dafür.

Die Wahrheit über Handzettel

Vielleicht kennen Sie die folgende Regel: »Arbeiten Sie NIEMALS mit Handzetteln, weil die Zuhörer dadurch von Ihrer Rede abgelenkt werden – sie werden versuchen, auf dem Handzettel weiterzulesen und Ihnen gleichzeitig zuzuhören.«

Papperlapapp.

Glauben Sie mir: Es gibt viele Möglichkeiten, sich auch ohne Handzettel abzulenken. Ich habe mein Handy mit Zugang ins Internet, zu E-Mail und Twitter. Ich habe meinen Laptop mit Zugriff auf die Arbeit, mit der ich hinterher bin. Ich habe meinen Notizblock und einen Stift – Sie glauben vielleicht, dass ich eifrig Notizen mache, aber in Wirklichkeit entwerfe ich eine Kurzgeschichte. Und es gibt den Kaffeeautomaten in der Empfangshalle und niemand kann mich daran hindern, hinauszugehen und mir eine Tasse zu holen. Reden Sie sich also nicht ein, dass Ihr *Handzettel* mich von Ihrem Vortrag abhalten wird.

Ganz im Gegenteil. Ihr sorgfältig gestalteter Handzettel sagt mir, dass ich Ihnen so wichtig bin, dass Sie ihn für mich erstellt haben, und deshalb schenke ich Ihnen etwas mehr Aufmerksamkeit.

Als Teilnehmer MÖCHTE ich Notizen machen. Ich möchte wichtige Aussagen auf Ihrem Handzettel einkreisen und mir selbst Notizen darüber machen, was ich überprüfen sollte, wovon ich berichten muss, was ich in meinen eigenen Bericht aufnehmen soll usw. Ich möchte interessante Aussagen notieren. Schon in der Schule haben wir gelernt, Notizen zu machen, während jemand einen Vortrag hält. Und wenn Ihre Handzettel sorgfältig gestaltet sind, können die Teilnehmer Ihnen anhand des Handzettels folgen und nur dann Notizen machen, wenn diese zu ihrem eigenen Verständnis notwendig sind.

Handzettel können sehr einfach sein (lediglich eine Gliederung) oder eine Liste von besonders wichtigen Punkten oder Quellenangaben enthalten. Oder sie können so komplex und nützlich sein, dass andere Unterrichtende sie als Trainingsmaterialien nutzen können.

Zur Gestaltung Ihres Handzettels nutzen Sie die in den Kapiteln 7 bis 10 über Kontrast, Wiederholung, Ausrichtung und Nähe erlernten Designprinzipien.

Ein lang anhaltender Eindruck

Was die Teilnehmer auf Ihrer Präsentationsleinwand sehen, ist flüchtig. Es gibt keine Garantie, dass sie den Inhalt der Präsentation richtig behalten; was Sie ihnen hingegen ins Büro mitgeben, ist permanent.

Natürlich können Sie die Folien über Ihre Präsentationssoftware auf vielfältige Weise ausdrucken – mit Notizen, ohne Notizen, nur Notizen, nur Folien usw. Dies kann praktisch sein, aber nicht unbedingt effektiv. Wenn Sie beispielsweise die Anzahl der Folien erweitert haben, so dass Sie jeden Punkt klar präsentieren können, haben Sie vielleicht so viele Folien, dass jeder Satz Handzettel zwanzig oder dreißig Seiten umfassen würde. Und wenn Sie nicht den gesamten Vortrag auf die Folien setzen möchten, sondern diesen mit Ihrer Präsentation nur unterstützen wollen, wären die Folien für sich genommen nicht besonders sinnvoll.

Das bedeutet, dass die Gestaltung sinnvoller Handzettel eine Zusatzarbeit darstellt. Sinnvolle Handzettel erhöhen jedoch die Effektivität und Wirkung Ihrer gesamten Präsentation. Ihr Publikum wird dies schätzen und Sie werden professionell wirken.

Die Teilnehmer halten etwas in Händen, das sie an Sie erinnert; der Eindruck Ihrer Präsentation wird viel länger anhalten.

Denken Sie an Seite 64, auf der ich Sie ermutigte, Ihr Logo nicht auf jede Folie zu setzen? Weil die Folien flüchtig sind, sind Ihr Logo und andere identitätsstiftende Elemente auf einem gut gestalteten Handzettel viel effektiver (siehe Seite 182).

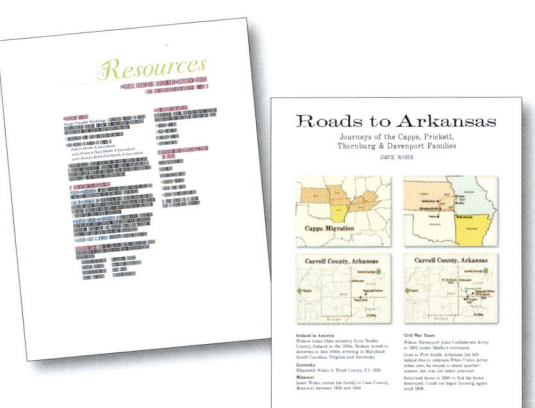

Wenn Ihr Publikum Karten oder Diagramme wirklich lesen (oder auch nur erkennen) soll, zeigen Sie sie auf einem Handzettel.

Wenn ich Adobe-InDesign-Workshops präsentiere, kann ich nicht davon ausgehen, dass sich die Teilnehmer alles merken können. Ich habe die moralische Pflicht, etwas Sinnvolles zu hinterlassen.

Sehr häufig halten Sie denselben Vortrag mehr als einmal, so dass sich die Arbeit, die Sie mit dem Handzettel haben, mit der Zeit amortisiert. Wenn Sie sich so viel Mühe mit einer Präsentation machen, ist es viel wahrscheinlicher, dass Sie diese noch einmal halten *möchten*! Und jedes Mal wird dies einfacher.

Veröffentlichen Sie Ihre Rednernotizen

Wenn Sie Ihre Präsentationen auf Sites wie PowerShow.com oder SlideShare.net veröffentlichen, können Sie Ihre Rednernotizen hinzufügen. Leider laden die meisten Leute keine Rednernotizen hoch, sondern veröffentlichen lediglich die Folieninformationen im Textformat, so dass es außer dem Inhalt der Folie keine zusätzlichen Informationen gibt. Denken Sie daran: Rednernotizen sollen mich, den Betrachter, mit weiteren Informationen versorgen, die Ihre tolle Präsentation näher erläutern. Und wenn Sie diese Informationen in die Rednernotizen einfügen, müssen Sie nicht Ihre gesamten Kenntnisse auf die winzigen Folien setzen.

14 Regeln, die Sie ignorieren sollten

Sie haben sicherlich schon verschiedene Regeln für das Erstellen von digitalen Präsentationen gehört oder gelesen. Und auch ich habe in diesem Buch verschiedene Richtlinien aufgestellt. Es gibt jedoch so viele verschiedene Präsentationen, dass ich einigen der wirklich gewichtigen Behauptungen widersprechen muss. Manche davon mögen durchaus einen Grund haben. Sie wurden jedoch von Nicht-Designern fehlinterpretiert, die Slideshows erstellen müssen, ihrer selbst nicht sicher sind und deshalb manches etwas zu wörtlich nehmen.

Wenn Sie darüber nachdenken, welchen Richtlinien Sie in Ihrem speziellen Vortrag und im Präsentationsdesign folgen sollen, sollten Sie stets überlegen, zu wem Sie sprechen und in welcher Eigenschaft. Findet Ihre Präsentation in einem Sitzungszimmer, einem Festsaal oder in einer Sporthalle statt? Auf einer akademischen Konferenz, einem Teenager-Workshop oder in einem Zentrum zur Suizidprävention? Sprechen Sie vor Schauspielern oder vor Wissenschaftlern?

Richtlinien sind großartig. Sie geben Ihnen einen guten Ausgangspunkt. Viele Regeln sind jedoch dazu da, sie zu brechen. Nachfolgend analysieren wir einige der Richtlinien, die Ihnen möglicherweise mit Nachdruck verkündet wurden.

Lesen Sie eine Folie niemals vor

Quatsch.

Sicherlich haben Sie schon hundertmal gelesen: »Lesen Sie Ihre Folien nicht vor!« Und das wird dahingehend fehlinterpretiert, dass in Ihrem Vortrag niemals etwas davon vorkommen sollte, was sich auf der entsprechenden Folie befindet. Ich habe tatsächlich schon Präsentierende erlebt, die die paar Worte auf der Folie laut vorlasen, dann innehielten und murmelten: »Oh, ich sollte ja nicht vorlesen.«

Es geht nicht um das Vorlesen Ihrer Folien. Es geht darum, dass Sie Ihren Vortrag nicht auf die Folien setzen sollen. *Setzen Sie Ihren Vortrag nicht auf die Folien und Sie müssen ihn nicht vorlesen.*

Ich lese meine Folien *immer* laut vor. Zum einen enthalten sie niemals viel Text und es ist dieser Text, über den ich spreche. Wenn ich also beginne, das Thema der Folie zu erläutern, entspricht deren Inhalt ganz zufällig dem Inhalt meines Vortrags. So erhält das Publikum die Informationen auf zwei Arten – es sieht sie und es hört sie. Und es hält sie auf dem Handzettel in den Händen.

Zweitens gehe ich grundsätzlich nicht davon aus, dass die Zuhörer im hinteren Teil des Präsentationsraums die Folien tatsächlich lesen können. Selbst Teilnehmer, die weiter vorne sitzen, haben möglicherweise nicht gerade eine ausgezeichnete (oder sogar überhaupt keine) Sicht auf Ihre Folien. Wenn ich also eine Folie mit einem Shakespeare-Zitat erläutern möchte, sollten alle Teilnehmer das Zitat kennen. Weil es jedermann eingetrichtert wurde, dass man Folien niemals vorlesen sollte, beginne ich manchmal etwa mit den folgenden Worten: »Ich lese dieses Zitat jetzt vor, falls diejenigen von Ihnen in den hinteren Reihen es nicht deutlich erkennen können.«

Ich stelle überdies sicher, dass mein Laptop zwischen mir und dem Publikum positioniert ist, so dass ich beim Ablesen der Folie von meinem Computer das Publikum und nicht die Leinwand ansehe und den Teilnehmern somit nicht den Rücken zudrehe.

Wenn Sie es krampfhaft vermeiden, die Wörter auf Ihrer Folie auszusprechen, könnte das Verhältnis zwischen Ihrem Vortrag und der visuellen Darstellung für das Publikum unklar bleiben.

Das wirkliche Problem

Wie ich zuvor erwähnt habe, bezieht sich die Warnung, die Folien nicht vorzulesen, auf ein anderes Problem – dass Sie alle Ihre Informationen auf die Folie setzen und diese verwenden müssen, als würden Sie ein Referat vorlesen. Das Problem ist nicht wirklich das Vorlesen der Folie – *das Problem ist, dass Sie alles, was Sie zu sagen haben, auf diese Folie setzen.* Vermeiden Sie das.

PowerPoint-Folien

- Heben Sie Schlüsselbegriffe hervor oder untermauern Sie, worüber der Moderator spricht.
- Sollte kurz und präzise sein, nur Schlüsselbegriffe und -phrasen enthalten.
- Damit Ihre Präsentation auf die meisten Bildschirm passt, sollten ein „Sicherheitsbereich" eingehalten werden, der auf der nächsten Folie gezeigt wird.

Wenn Sie Ihren gesamten Text auf die Folie setzen, haben Sie keine andere Wahl, als diese vorzulesen.

PowerPoint-Folien

- Hervorheben oder untermauern
- Kurze Aussagen, Schlüsselbegriffe und -phrasen
- Sicherheitsbereich

Wählen Sie die wichtigsten Punkte aus und setzen Sie diese auf die Folie. Ergänzen Sie die Folie durch Ihren Vortrag.

Verwenden Sie keine Serifen

Unsinn.

Verwenden Sie ruhig schöne Serifenschriften, *wenn Sie diese so groß setzen, dass sie lesbar sind.* Tatsächlich sind auf einem Computerbildschirm viele (aber nicht alle) serifenlosen Schriften potenziell leichter lesbar, weil die Striche dicker und die Buchstaben einfacher geformt sind und weil die Schriften keine kleinen Elemente enthalten, die im Pixelraster des Monitors untergehen. Dies trifft besonders auf speziell für den Bildschirm gestaltete serifenlose Schriften zu. Wenn der Text ausreichend groß gesetzt werden kann, können Sie eine Serifenschrift verwenden. Sie erhalten dadurch ein komplett anderes Look and Feel (normalerweise etwas wärmer) als mit einer sachlichen serifenlosen Schrift; also sollten Sie Ihren Vorteil daraus ziehen.

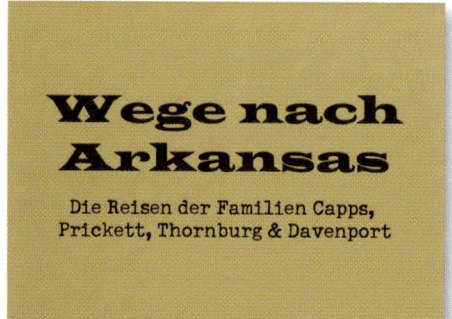

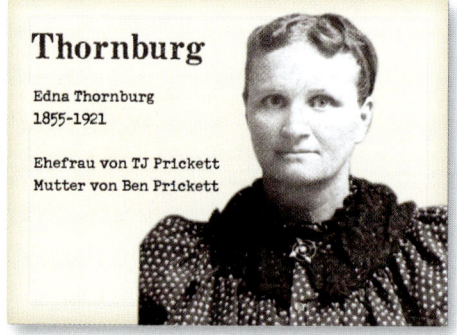

Es gibt eine große Anzahl von Serifenschriften. Haben Sie keine Angst, eine davon zu verwenden. Sie muss nur groß und fett genug sein.

Didot

Vermeiden Sie jedoch Schriften mit sehr dünnen Strichen wie Didot, außer Sie können sie in wirklich großem Schriftgrad einsetzen.

Die klassische Garamond ist sogar auf einem Bildschirm sehr gut lesbar (wenn sie groß genug gesetzt ist).

Baby geht auf Zechtour.

Verwenden Sie keine Animationen

Dummes Zeug.

Als Leser dieses Buchs wissen Sie bereits, dass Animationen ein sehr sinnvolles Werkzeug sind. Sie können damit wichtige Punkte veranschaulichen, die Aufmerksamkeit darauf lenken, Übergänge zu neuen Unterthemen erzeugen usw.

Die Regel bedeutet in Wirklichkeit: »Verwenden Sie niemals die Art von Animation, für die Ihr Publikum Sie hassen wird.« Das heißt: Tippen Sie nicht jedes Wort mit einer Schreibmaschinenanimation auf die Seite. Lassen Sie nicht jedes Element von der Seite her ins Bild rotieren. Verwenden Sie keine kitschigen animierten Bilder. Verwenden Sie nicht zwischen *jeder* Folie einen Schachbrett-Übergang. Ich weiß, dass es unwiderstehlich ist; aber im neuen Jahrtausend suchen wir in unseren Präsentationen nach Klarheit. Verwenden Sie Animationen nur dann, wenn diese die Übersichtlichkeit Ihrer Präsentation verbessern können.

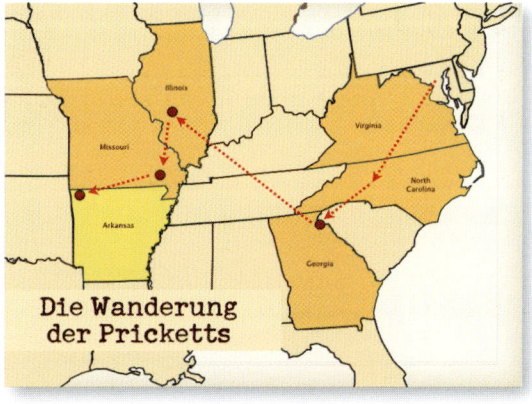

Dies ist ein Teil der Präsentation »Roads to Arkansas« von Dave Rohr. Während er über die Migration der Familie spricht, erscheinen die Pfeile und bewegen sich in Richtung der Zielorte. Dadurch ziehen sie die Aufmerksamkeit auf sich und verdeutlichen den Weg.

Verwenden Sie niemals mehr als einen Hintergrund

Stuss.

Wie Sie in diesem Buch gesehen haben, gibt es gute Gründe, mehrere Hintergründe zu verwenden. Sie müssen nur sicher sein, dass Sie wissen, *warum* Sie mehrere Hintergründe einsetzen, und dass Sie dies auch in Worte fassen können. »Ich habe genug von dem blauen Weltallhintergrund und möchte nun einen grünen Wald« ist kein guter Grund.

Wenn sich der Hintergrund während der Präsentation ändert, sendet er ein Signal ins Publikum. Vergewissern Sie sich, dass Sie dieses Signal tatsächlich aussenden möchten – ein neues Thema, ein neuer Gedanke, ein besonderes Bild. Denken Sie daran, dass sich alle Teilnehmer in Ihrem Publikum gedanklich mit dem Hintergrund beschäftigen, sobald er sich ändert, besonders wenn es ein interessanter Hintergrund ist. Wenn der Hintergrund nicht zum Thema Ihres Vortrags passt, verlieren Sie vorübergehend Ihr Publikum, weil dieses über diese Diskrepanz nachdenkt.

Verwenden Sie also mehrere Hintergründe, *wenn es angebracht ist und zur Übersichtlichkeit beiträgt.*

 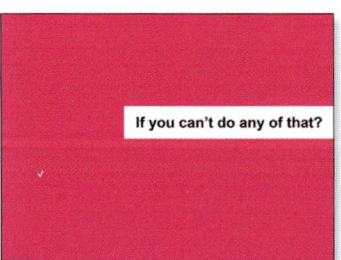 

Diese Folien stammen aus Paul Isaksons Präsentation, die ich Ihnen auf den Seiten 147–150 gezeigt habe. Erkennen Sie trotz der verschiedenen Hintergründe die Elemente, die die Präsentation optisch zusammenhalten? Betrachten Sie auf jeden Fall alle Folien der Präsentation. Sie sehen dann, wie gut Paul Isakson mit verschiedenen Hintergründen wiederkehrende Themen darstellt.

Erstellen Sie niemals eine Folie ohne Grafik

Blödsinn.

Eine attraktive typografische Gestaltung Ihres Texts ist absolut akzeptabel und angebracht. Wenn die Folie ausschließlich aus Text besteht, sollten Sie sicher sein, dass sie klar gestaltet ist – ist der Text lesbar, ist er groß genug, kontrastiert die Textfarbe gut mit dem Hintergrund, gibt es Kontraste auf der Seite, so dass ich die Folie gerne betrachte?

Wenn Ihre Inhalte langweilig sind, werden sie durch ein paar zufällige Grafiken nicht besser. Wenn Sie eine Standardvorlage mit kleiner schwarzer Schrift auf einem ausgedehnten weißen Hintergrund verwenden, verbessern wahllose Grafiken in den Ecken das Aussehen der Folie nicht. Natürlich sollten Sie passende Grafiken und auch animierte Bilder verwenden, *wenn diese Ihre Aussage verdeutlichen.*

Verwenden Sie niemals mehr als fünf Aufzählungspunkte pro Folie

Papperlapapp.

Ein Problem bei dieser Regel ist, dass man glauben könnte, jede Folie sollte fünf Aufzählungspunkte enthalten. Wichtiger ist es, *dass Sie, wie in Kapitel 3 erläutert, nicht alle Ihre Aufzählungspunkte gleich auf eine Folie setzen müssen.* Sobald Ihnen dieses Konzept klar geworden ist, Sie Ihre Folien planen und dabei entscheiden, für welche Punkte Sie mehrere Folien benötigen und welche auf einer Folie bleiben müssen, werden Sie die richtige Anzahl finden – passend zu den Anforderungen Ihrer Präsentation und nicht gemäß einer willkürlich festgelegten Zahl.

Sie benötigen eventuell sechs oder auch sieben Punkte (in den meisten Fällen sind es weniger) – *stellen Sie aber sicher, dass Sie in Worte fassen können,* warum diese sich alle auf einer Folie befinden *müssen* (und vergewissern Sie sich, dass die Schrift von der Größe her lesbar ist).

Mal ehrlich: Verbessern diese willkürlichen Grafiken diese Eingangsfolie in irgendeiner Weise?

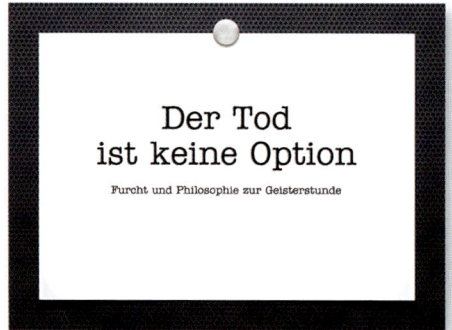 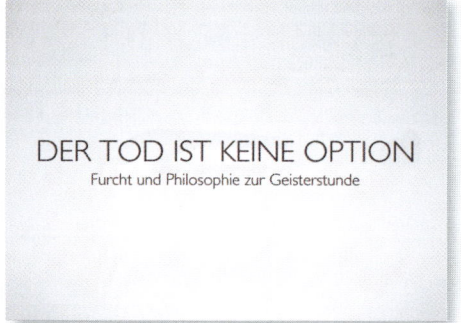

Links haben wir gut gestalteten Text auf einem Vorlagenhintergrund – völlig ausreichend. Rechts sehen Sie eine Folie, die nur Text enthält. Sie sieht viel besser aus als die Folie mit den willkürlichen Bildern.

Verwenden Sie nie mehr als zwei oder drei Wörter pro Aufzählung

Humbug.

Diese Regel entspricht der Maxime »Verwenden Sie niemals mehr als sechs Wörter auf einer Folie«. Es ist einfach nicht möglich, eine solche Regel aufzustellen und zu erwarten, dass sie befolgt wird. Es gibt sehr viele umwerfende Folienpräsentationen, die dieser Regel nicht folgen. Texten Sie so prägnant wie möglich – schließlich zählt jedes Wort –, aber beschränken Sie die Anzahl der Wörter nicht *willkürlich* wegen dieser Regel. Klarheit ist alles.

Die Folie enthält mehr als fünf Aufzählungspunkte; aber das ist nicht das Haupt- oder das einzige Problem, oder?

Wir schaffen mit einer fetten Schrift einen Kontrast und verschieben die Listenpunkte auf neue Folien. Der Kunde liebt die Clipboard-Grafik und verwendet sie überall, also lassen wir sie da.

Je nach der Struktur des Vortrags könnten diese Folien Einleitungen für individuelle Abschnitte darstellen. Diese werden dann mit einer Folie pro Aufzählungspunkt präsentiert.

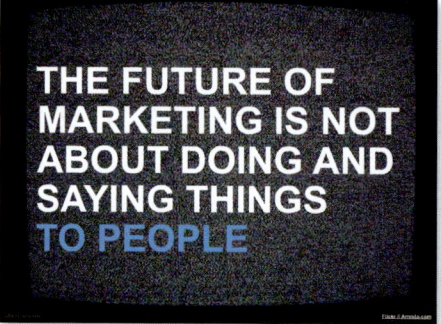 

Diese beiden Folien stammen ebenfalls aus Paul Isaksons Präsentation. Er hat kein Problem, ein Dutzend Wörter auf diesen Folien zu verwenden. Können Sie sie lesen? Ist die Botschaft deutlich? Können Sie sich vorstellen, wie Paul diese Gedanken erläutert?

Stellen Sie sich auch vor, dass jemand diese Ideen als Aufzählungspunkte auf eine einzige Folie (kleine, schwarze Arial auf einem weißen Hintergrund) setzt. Ich bin sicher, dass Sie die stärkere Wirkung durch die Verwendung von einzelnen Folien für die individuellen Punkte erkennen können.

Verwenden Sie niemals PowerPoint

Mumpitz.

Wie in der Einleitung erwähnt, benötigten Sie bei einem Vortrag oder manchen Vorlesungen wahrscheinlich kein Multimedia. Wenn Sie aber eine *Präsentation* abhalten, dann erwarten die Teilnehmer irgendein Anschauungsmaterial. Wer behauptet, dass man niemals PowerPoint verwenden sollte, kann mit diesem Programm nicht richtig umgehen. Die Botschaft lautet also: »Lernen Sie, Ihre Software zu beherrschen, und lernen Sie, eine effektive Präsentation zu erstellen.«

Schalten Sie das Licht niemals aus, schalten Sie das Licht niemals an

Nonsens.

Auch diese Mantras werden ohne ein echtes Verständnis ihres Sinns wiederholt. Sicherlich möchten Sie nicht, dass eine körperlose Stimme durch die Dunkelheit spricht; genauso wenig sollen jedoch die hart erarbeiteten Folien kaum erkennbar sein, weil alle Lichter eingeschaltet sind (oder – noch schlimmer –, weil die Lichter genau auf die Leinwand gerichtet sind).

Im Idealfall dämpfen Sie das Licht im Publikumsraum (es sollte aber so hell sein, dass die Teilnehmer Notizen machen können und dass Sie das Publikum und seine Reaktionen auf Ihren Vortrag sehen können). Richten Sie ein wenig Licht auf sich neben der Leinwand und beleuchten Sie die Leinwand selbst so schwach wie möglich. Neuere Hörsäle und Konferenzräume sind für dieses Szenario eingerichtet und bieten die unterschiedlichsten Beleuchtungskombinationen.

Wenn Sie in vollkommener Dunkelheit stehen und Ihre Folien unlesbar werden, warum sollten Sie dann eine Folienpräsentation abhalten? Halten Sie dann einfach einen Vortrag. Wenn Sie wissen, dass der Raum entweder ganz dunkel oder ganz hell ist, bringen Sie Ihre eigene Lampe mit und stellen Sie sie neben sich.

Denken Sie daran, dass Beleuchtung wichtig *ist*, also achten Sie darauf und prüfen Sie die Situation möglichst im Voraus auf Verbesserungsmöglichkeiten.

Geben Sie vor dem Vortrag keine Handzettel aus

Kokolores.

Sie wissen bereits, dass das Kokolores ist, weil Sie das Kapitel 13 gelesen haben. Hier ging es darum, wie wichtig Handzettel sind und wie wichtig es ist, diese Ihrem Publikum vor dem Vortrag auszuhändigen. Und denken Sie daran: Setzen Sie Ihr Logo auf die Handzettel!

Verwenden Sie niemals Tortendiagramme

Firlefanz.

Man kann nicht kategorisch sagen, dass Tortendiagramme falsch sind. Nicht die Tortendiagramme sind das Problem, sondern die ineffiziente Verwendung von Tortendiagrammen durch den *Präsentierenden.*

Verwenden Sie ein Tortendiagramm, wenn dies die beste Möglichkeit zur eindeutigen Präsentation Ihrer Informationen ist. Denken Sie daran, dass die Prozentwerte in einem Tortendiagramm *zusammen* 100 Prozent ergeben müssen. Und wenn die Torte zu viele Stücke enthält, wird sie wirkungslos, weil die Unterschiede zwischen den Stücken nicht deutlich erkennbar sind. Können Ihre Daten mir aber die relative Größe einer Sache im Vergleich zu verschiedenen anderen Sachen zeigen, dann kann ein einfaches Tortendiagramm effizient und anschaulich sein. Und es macht Spaß, ein Stück aus der Torte herauszuziehen und die Aufmerksamkeit darauf zu lenken (wenn dadurch die Informationen verdeutlicht werden!).

Verwenden Sie niemals Arial oder Helvetica

Richtig.

Es tut mir leid, aber das stimmt. Wenn Sie ein brillanter und geschulter Designer sind, dann können Sie Arial oder Helvetica so einsetzen, dass das Ergebnis nicht vollkommen langweilig wirkt. Für die meisten Menschen gilt aber: Wenn Sie Ihre PowerPoint-Präsentation mit der standardmäßigen Arial erstellen, sind Sie zur Mittelmäßigkeit verdammt.

Wenn Sie unbedingt Arial oder Helvetica einsetzen möchten, verwenden Sie nicht einfach die Schnitte, die bereits auf Ihrem Rechner installiert sind. Kaufen Sie stattdessen die gesamte professionelle Helvetica-Schriftfamilie. Nur dann können Sie die wirklich fetten und wirklich mageren Schnitte verwenden, die nicht mit der Patina der Langeweile verkrustet sind.

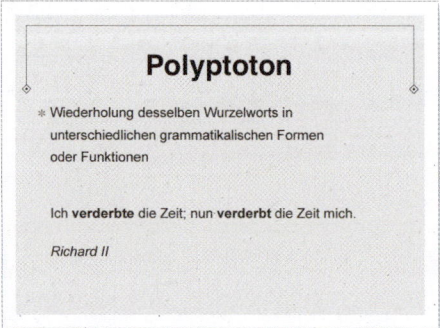

Das ist die standardmäßige Arial/Helvetica.

Mit etwas Gestaltungsarbeit und einer Investition in die professionelle Schriftfamilie wirkt Helvetica weniger langweilig und nicht so abgedroschen.

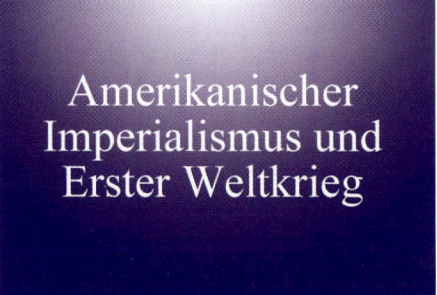

Mit Times oder Times New Roman ist es dasselbe. Beides sind gut gestaltete Schriften, sehen mittlerweile aber aus wie gewöhnliche alte Arbeitspferde, die eine Pause benötigen.

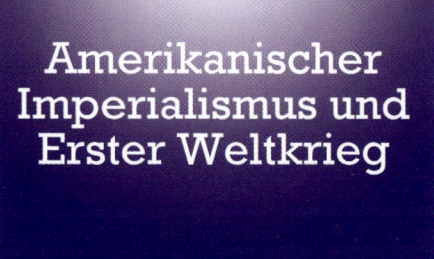

Auch wenn Sie keine neuen Schriften gekauft haben, haben Sie eine gute Sammlung auf Ihrem Computer. Testen Sie einige andere Schriften (oben sehen Sie Rockwell).

15 Hören Sie auf Ihre Augen

Die wichtigste Fähigkeit, die Sie beim Gestalten erlernen sollten, ist das **Sehen.** Dieses Kapitel enthält ein Quiz, das Ihnen helfen soll, die verschiedenen in diesem Buch skizzierten Prinzipien zu erlernen.

Wirken die Folien auf diesen Seiten etwas mickrig? Denken Sie daran: Wenn Sie sich im hinteren Teil eines großen Raums befinden oder wenn die Leinwand ziemlich klein ist, erscheinen die Folien tatsächlich so winzig. Beachten Sie dies während der Gestaltung.

Und denken Sie beim Durcharbeiten der Beispiele daran, dass ein großer Teil des Foliendesigns bestimmt, was auf der Folie bleiben und was anderswo hin soll – auf eine andere Folie, auf die Rednernotizen, die Handzettel oder vielleicht in den Papierkorb.

. . . in solchem Tun ist
Gebärd ein Redner, und der
Einfalt Auge
Gelehrter als ihr Ohr.

Volumnia in *Coriolanus*,
3.2.78–80

Quiz: Hören Sie auf Ihre Augen

Am besten lernen wir, wenn wir das Problem und seine mögliche Lösung in Worte fassen können. Während Sie also diese Folien durchgehen, sollten Sie ein paar Minuten damit verbringen, die Probleme und Lösungen laut auszusprechen.

KLARHEIT: Wählen Sie in jedem Satz die Folie mit dem klarsten Text aus.

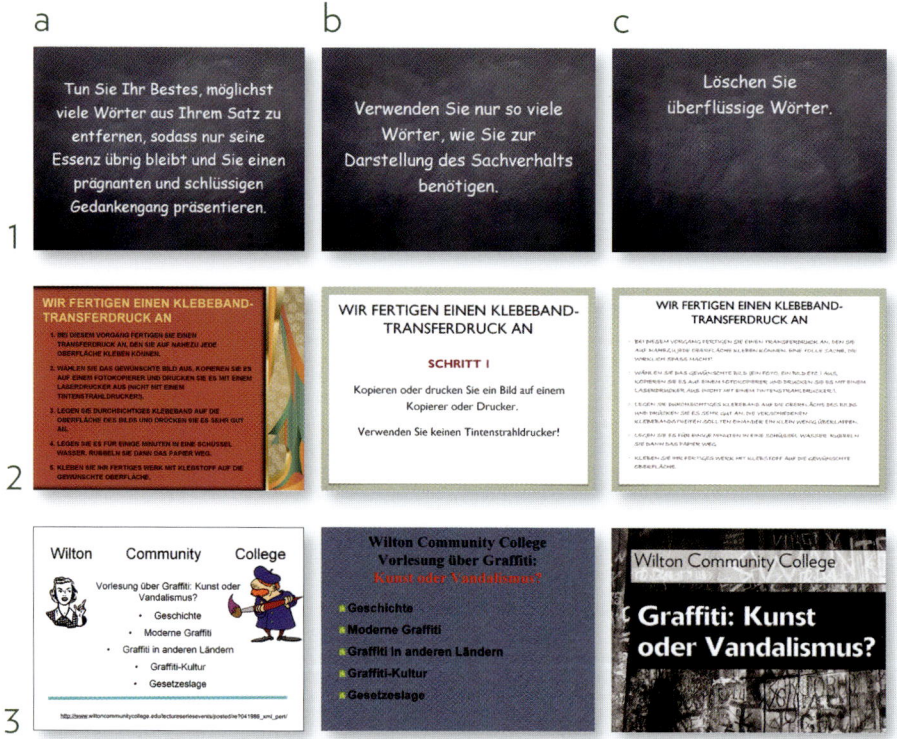

Erinnern Sie sich, dass das Prinzip der Klarheit zum Teil darin besteht, dass es nichts Nutzloses oder Ablenkendes auf der Folie geben sollte. Muss sich *alles* auf einer Folie befinden? Wodurch wird die Botschaft auf diesen Folien exakt verwässert? Können Sie die Schritte benennen, die für ein sauberes, professionelles Aussehen notwendig sind?

1 ....

2 ....

3 ....

RELEVANZ: Wählen Sie den Foliensatz aus, dessen Hintergrund bzw. Bildgestaltung die Kommunikation NICHT behindert, weil er/sie für das Thema wichtig ist.

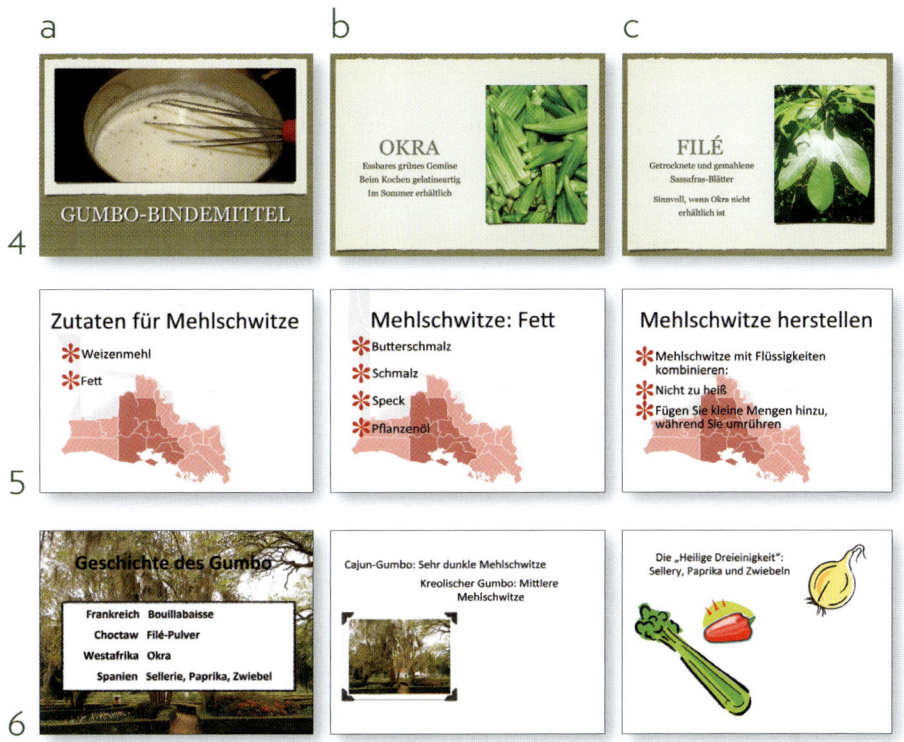

Wodurch genau werden einige der verwendeten Bilder irrelevant?

4 ....

....

5 ....

....

6 ....

....

ANIMATION: Beschreiben Sie für jeden Foliensatz, welche Art von Animationen, Übergängen, Video- oder Audioclips zur Verbesserung der Kommunikation verwendet werden könnten.

Warum sollten Sie *nicht* den Text auf allen Folien animieren?

7

8

9

HANDLUNG: Wählen Sie in jedem Satz die beste Folie für den *Beginn*.

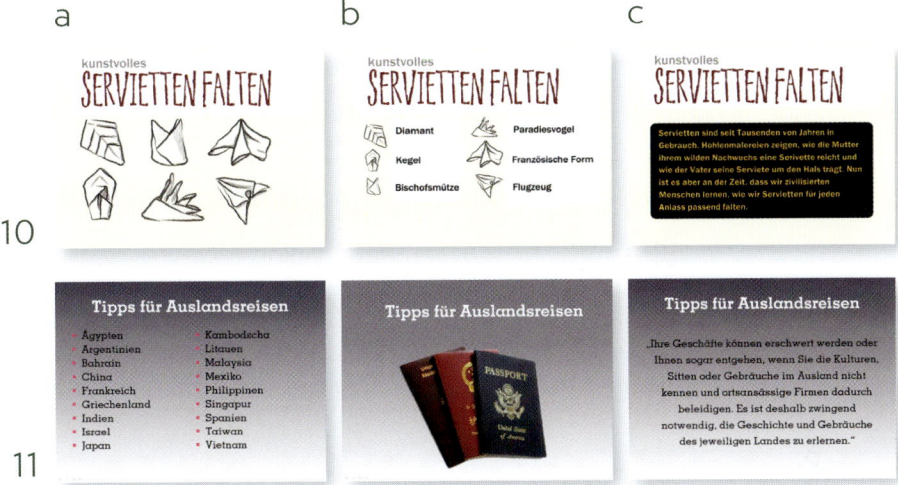

Warum sind die anderen Folien als Eröffnungsfolien nicht optimal geeignet?

10 ....

11 ....

HANDLUNG: Wählen Sie aus jedem Satz die beste Folie für das *Ende*.

Warum sind die anderen Folien für das Präsentationsende nicht optimal geeignet?

12 ....

13 ....

KONTRAST: Wählen Sie die Folien, von denen Ihre Augen wegen ihres Kontrasts angezogen werden.

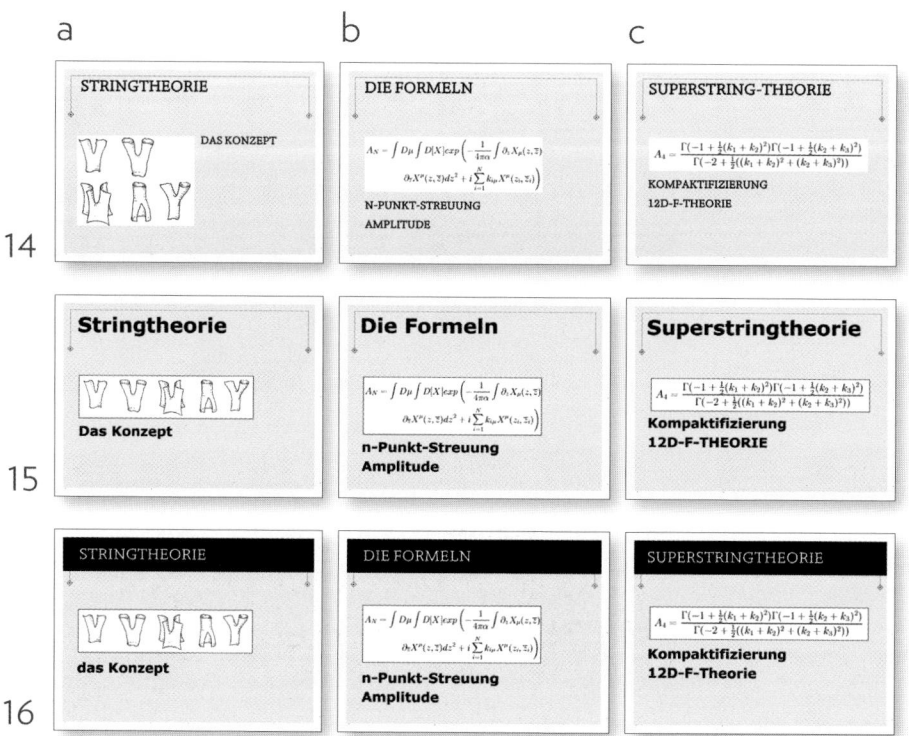

Inwieweit hilft der Kontrast, die Kommunikation klarer zu gestalten? Ändert er Ihren Eindruck von der Information auf irgendeine Weise?

14

15

16

WIEDERHOLUNG: Wählen Sie den Foliensatz, der durch wiederkehrende Elemente im Design am einheitlichsten wirkt.

Benennen Sie im gewählten Foliensatz die wiederkehrenden Elemente. Gibt es weitere wiederkehrende Elemente, die Sie auf den anderen Folien verwenden könnten, um ein einheitliches und kohärentes Aussehen zu erzeugen?

17 ....

....

18 ....

....

19 ....

....

AUSRICHTUNG: Wählen Sie den Foliensatz, dessen Informationen durch Ausrichtung geordnet und leicht verständlich werden.

Ziehen Sie auf allen Folien Linien, so dass Sie klar sehen können, woran die Elemente ausgerichtet sind – oder nicht.

20 ....

....

21 ....

....

22 ....

....

NÄHE: Welcher Foliensatz präsentiert die Informationen durch eine passende Verwendung von Nähe klar und zusammenhängend?

Können Sie in Worte fassen, bei welcher der anderen Folien die Kommunikation durch Nähe verbessert werden muss?

23 ....

....

24 ....

....

25 ....

....

HANDZETTEL: Der Foliensatz unten enthält zu viel Text. Erstellen Sie eine Liste, wie Sie dies ändern könnten. Entscheiden Sie, a) welcher Text oder welches Bild auf jeder Folie bleiben soll, b) was auf weitere Folien gesetzt werden kann, c) welcher Text sich in Ihren Rednernotizen befinden und d) welcher Text oder welches Bild sich auf Ihrem Handzettel befinden soll.

Hier wird es natürlich unterschiedliche Vorschläge geben.

26a

b

c

d

GESAMTBILD: Kritisieren Sie diese Folien. Beachten Sie, dass einige Elemente separat auf der Folie animiert werden, während Sie über sie sprechen, und überlegen Sie, welche Übergangsarten verwendet werden könnten. Schreiben Sie auf, was gut funktionieren und was verbessert werden könnte. Verwenden Sie die in diesem Buch erlernten Begriffe und die Checklisten der folgenden beiden Seiten. Machen Sie spezifische Angaben.

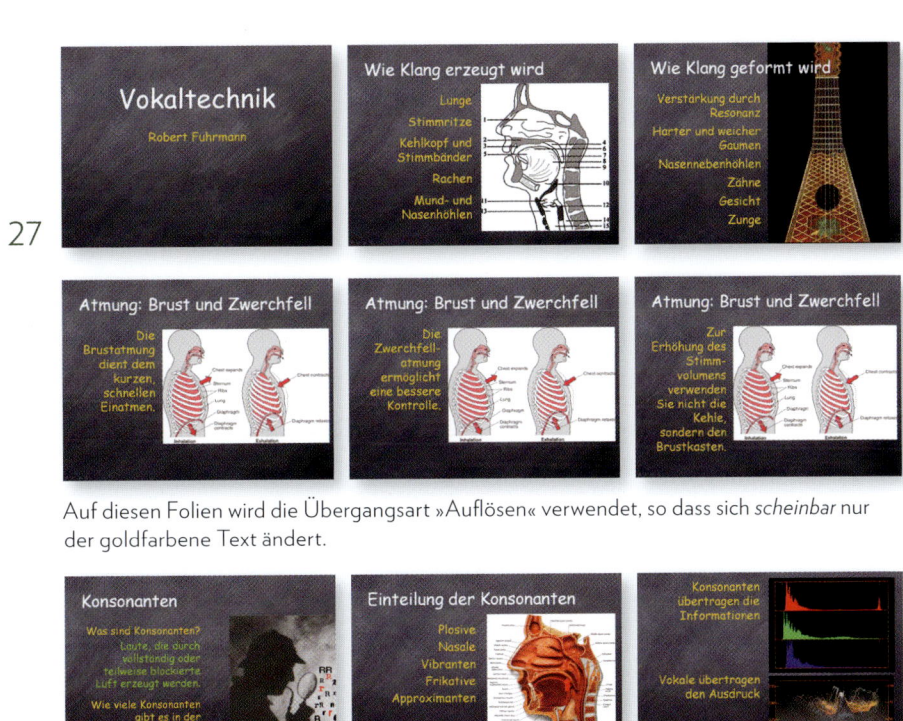

27

Auf diesen Folien wird die Übergangsart »Auflösen« verwendet, so dass sich *scheinbar* nur der goldfarbene Text ändert.

Die grünen Antworten gleiten auf die Folie, nachdem die Frage gestellt wurde.

Was funktioniert gut und was könnte verbessert werden?

27

Checkliste für die Informationen

○ Machen Sie sich mit Ihrer Software vertraut.

○ Entwickeln Sie Ihren Text und die Organisationsstruktur, bevor Sie sie auf den Folien platzieren.

○ Bearbeiten Sie Ihren Text, so dass er klar und relevant wird.

○ Entscheiden Sie, welche Punkte auf den Folien bleiben sollen und welche Sie auf andere Folien setzen können.

○ Sammeln Sie ein paar Grafiken, wenn Sie Bilder verwenden möchten. (Während der Gestaltung merken Sie wahrscheinlich, dass Sie weitere Bilder benötigen.)

○ Überlegen Sie, an welchen Stellen Sie Animationen, Video- oder Audioclips verwenden möchten, um die Wirkung Ihrer Präsentation zu erhöhen und die Informationen zu verstärken.

○ Wählen Sie einen passenden Hintergrund, eine passende Vorlage oder gestalten Sie ein passendes Design. Während der Arbeit werden Sie es verfeinern, aber Sie sollten zumindest die Grundstruktur vorbereiten.

○ Erstellen Sie eine Eröffnungsfolie.

○ Erstellen Sie im Bedarfsfall eine Übersichtsfolie. (Sie können auch mehrere Übersichtsfolien in der gesamten Präsentation erstellen, wenn Sie von einem Thema zum nächsten wechseln.)

○ Beginnen Sie mit der Foliengestaltung, bis Sie das gewünschte Aussehen und die benötigte Gliederung erstellt haben.

○ Verfeinern Sie die Gestaltung der Folien gemäß den Grundprinzipien von Kontrast, Wiederholung, Ausrichtung und Nähe.

○ Stellen Sie sicher, dass Sie die Handlung auf das Ende der Präsentation hinführen.

Checkliste für die Folien

○ Sind Ihre Aufzählungspunkte so bearbeitet, dass nur die wichtigsten Elemente darauf zu finden sind?

○ Sind alle Folien sauber und aufgeräumt (weil Sie die benötigte Folienanzahl erzeugt haben)?

○ Haben Sie es vermieden, Ihren gesamten Vortrag als Text auf die Folien zu setzen? (Dann müssen Sie auch die Folien nicht vorlesen.)

○ Haben Sie alle unnötigen Aufzählungspunkte entfernt? Bitte verwenden Sie niemals Striche statt Aufzählungspunkten – sie sehen so unschön aus.

○ Ist alles auf Ihrer Folie wichtig und notwendig?

○ Werden Animationen, Audio und Video nur verwendet, um wichtige Elemente zu verdeutlichen und Aufmerksamkeit auf diese zu ziehen?

○ Gibt es einen Anfang, eine Mitte und ein Ende? Ist es für Ihr Publikum klar ersichtlich, wann Sie das Ende erreicht haben?

○ Gibt es auf den Folien genug Kontrast, der die Augen des Publikums auf sich zieht? Hilft der Kontrast, die Informationen zu verdeutlichen?

○ Gibt es in der Präsentation wiederkehrende Elemente, die Sie visuell zusammenfügen?

○ Ist jedes Element auf jeder Folie visuell mit etwas anderem auf der Folie verbunden? Gibt es in Ihrer Gesamtpräsentation Ausrichtungen, die zur visuellen Ordnung beitragen?

○ Sind die Aufzählungspunkte (falls Sie solche verwenden) nahe genug (aber nicht zu nahe) am Aufzählungssatz, so dass man sieht, dass beides zusammengehört?

○ Sind sinngemäß zusammenhörende Elemente auch durch größere Nähe visuell verbunden? Stehen alle Ihre Informationsgruppen in Beziehung zueinander?

○ Haben Sie einen sinnvollen Handzettel gestaltet, den Ihr Publikum behalten will?

○ Haben Sie Ihre Rednernotizen beigefügt, wenn Sie Ihre Präsentation online veröffentlichen?

Quellen für
Schriften/Bilder/Video/Audio

Professionelle Bilder, Video usw.

iStockphoto.com

Veer.com

Shutterstock.com

Kostenlose Bilder und mehr:

Commons.WikiMedia.org

www.MorgueFile.com

www.DreamsTime.com

Schriften:

MyFonts.com

Veer.com

FontShop.com

FontBureau.com

Es gibt im Internet Tausende von kostenlosen Schriften mit niedriger Qualität, die aber manchmal ziemlich nützlich sind. Suchen Sie nach »free fonts«.

Verwendete Bilder von iStockphoto.com:

Etikett: wragg 10511326

Gabelstapler: lagereek 3346468

Schildkrötenhintergrund: ntripp 8340053

Reisepässe: kirza 1648185

Graffiti: DaiPhoto 2532985

Geschäftstreffen: endopack 3138945

Gocart-Shopper: imageegami 10379737

Malende Elefanten:

    polispoliviou 7184553

    Vicky_bennett 382294

    Hirkophoto 4887474

Buchstabenwürfel: 408326

Spielsteine: magnet creative 4190979

Spielender Mann: Photodjo 9267387

Spielendes Mädchen: lisafx 659308

Renaissance-Papier: Wadders 330118

Index

THE SIGN OF EXCELLENCE

Dieses Buch bietet Ihnen einfache Ideen, die Ihr Publikum überzeugen und nicht langweilen. Anhand vieler Beispiele verwirklicht der Autor seine Ideale einer guten Präsentation: Einfachheit, Eleganz, Weniger ist mehr, Mut zum leeren Raum, Ruhe, Schlichtheit und Achtsamkeit gegenüber Thema und Publikum. Das Buch zeigt, wie Sie mit den richtigen Gedanken und viel Kreativität aus einer Präsentation ein einmaliges Ganzes machen. Als Werkzeuge verwendet Garr Reynolds PowerPoint (PC) und Keynote (MAC). Präsentieren Sie doch einfach besser!

Garr Reynolds
ISBN 978-3-8273-2708-6
29.95 EUR [D]